U0390798

NATURKUNDEN

启
蛰

讲述自然的故事

| 博物学书架 |

# 花的语言

［德］伊莎贝尔·克朗茨　著

曲奕　译

北京出版集团
北京出版社

# 目录

# 无声的符号，花的语言

## ——从爱的密语到游戏的乐趣

郁金香与水仙不停地说着，"要"，"不要"，"要"。

——安德里亚斯·多劳（Andreas Dorau）[1]

很显然，在多劳这首 20 世纪 80 年代早期的歌曲中，花儿们无法决定到底是要还是不要。一直听到歌的后半段，我们才知道了花朵姑娘们到底在犹豫什么，不过首先这个出发点就有问题：花朵并不会说话。

不同于动物和人类，花朵与所有其他的植物一样都无法用声音交流。虽然研究发现，植物们拥有比我们所以为的多得多的感官，比如视觉、嗅觉、触觉、听觉以及方位辨识能力，但是植物是无法用声音语言进行交流的。

但是如果有人声称自己和花朵说话了，那大家立刻就会觉得他要么是在隐晦地表达什么，要么就是妄想症发作了。一直以来人们都在思考花朵到底有没有声音这个问题，所以人们不断尝试让植物说话。这些尝试可谓五花八门：一些科学（或者说是超科学）研究尝试用录音设备录下植物的"语言"（比如给植物装上电极，然后将电压差转化成声音），[2]而艺术领域的尝试则换了一个角度，要么是试着教植物说话〔在约翰·巴尔代萨里（John Baldessari）早期于 1972 年的一部视频作品《教植物学字母》（*Teaching a Plant the Alphabet*）中，他用卡片向一棵橡胶树逐一展示字母并大声示范发音[3]〕，要么就是干脆直接赋予植物们说话的能力（比如在动画片里花朵和其他不会说话的物件一样都可以随意说话）。

但是有一个观点迄今为止却远比这些诱使植物说话的方法更有影响力，那就是植物们是在用另外的方式与我们交谈，但是想要破解这些信息的内容需要遵循严格的规则。显然，要让植物说话还是得靠我们自己。但是我们要如何接收植物们的信息呢？这些信息都是关于什么内容的呢？

---

1 安德里亚斯·多劳（Andreas Dorau）：《郁金香与水仙》。

2 比如印度自然科学家贾格迪什·钱德拉·博斯（Jagadish Chandra Bose）的研究，美国中情局测谎专家克里夫·巴克斯特（Cleve Backster）的实验以及液体企鹅合奏团（Liquid Penguin Ensemble）的听觉艺术作品。

3 视频网址见 www.vdb.org/titles/teaching-plant-alphabet，最后打开于 2014 年 1 月 8 日。

图片摘自 B. 德拉克雅（B. Delachénaye）：《识读植物与花语》（*Abécédaire de Flore, ou langage des fleurs*, Paris 1811）。

> 人类语言所有不诚实的表达中有99%都是取自植物，从古至今有99%
> 的雕塑装饰都取自花朵。
>
> 鲁道夫·博察德（Rudolf Borchardt）[1]

　　在文雅用语中，花朵常被用作比喻。在后古典修辞学中，人们就已经开始用
"flosculum"（一种小花的名字）这个词来表达讲故事时成功地达到噱头的效果，而
且通常是一句名言。然而自1800年起，德语里这些陌生且大多是拉丁语的花朵的名
字却被降级成了空话（Floskeln），指的就是那些把话语装饰得天花乱坠却言之无物

---

1　鲁道夫·博察德（Rudolf Borchardt）：《热情的园丁》，第14页。

的表达。[1] 这个关于花的修辞的故事也说明了本族语与外来词之间多变的关系：外来词有的时候被看作有吸引力的、有品位的，但有的时候却被看作影响了本族语所谓的纯洁性。

这也是对开头所说的花朵是沉默不语还是善于言辞这一问题的另一个看法。有说服力的语言图像与空洞的套话之间的分界线似乎非常微小，人们只能从话语产生的效果来分辨到底是不是越过了界限。富有深意与空洞无物之间常常只是很小的一步。即使对于一段听完以后一定要保持沉默的话来说，也可以用花朵来表达：比如想要通过花朵来表达某次谈话是秘密的，就可以用"sub rosa"这个词，意思是保持缄默，而直译过来就是"站在蔷薇的图案下"。[2]

从修辞学的视角来看，花朵是一类具有特殊意义的符号。但是其意义较少用于表达（具有男性阳刚气质的）理性与智慧，而主要是用于表达感情世界，一般划入带有女性色彩或者是本能意识的范畴。用语中出现花朵的地方，一般都会先联想到是在表达感情。比如红玫瑰被普遍看作情爱的象征，勿忘我是忠诚的信物，而向日葵则是愉快的代表，有许多花都与人类的各种感情表达具有特别紧密的联系。

**天竺葵**：相爱的两个人最为留恋彼此的名字。

**卡特西亚石竹**：在恋人的眼中，所爱的人看起来总是很孤单。

**水仙花**：对被爱着的人来说，种族与家庭的鸿沟都不再是问题。

**仙人掌花**：真正的恋人很高兴看到所爱之人在争吵中理亏。

**勿忘我**：在回忆之中，心爱之人总是缩小了的。

**观叶植物**：年轻时一旦团聚受阻，就会立刻联想到老了以后可以心满意足地彼此陪伴。

瓦尔特·本雅明（Walter Benjamin）[3]


用花卉来表达内心想法这一传统可以追溯至 18 世纪晚期。这是首次开始尝试对花朵的神秘语言进行系统性的研究，人们坚信花的语言具有普遍的有效性。而在此之前，在信件、日历以及杂志中就已经散布着许多相关内容了，根据这些内

---

1　关于"空话"参见维拉·宾德（Vera Binder）的《修辞学历史词典》，第三卷，第 371 页。

2　对于这个表达的出处有不同的看法，比如有人认为该表达源自罗马时期的玫瑰节，也有人认为源自忏悔室里的玫瑰花装饰。

3　瓦尔特·本雅明（Walter Benjamin）：《阳台》，第 46 页。

容，人们就可以重建起一个花语的感情谱系，这一谱系的中心假设在于，人们可以借助某种特定的密码通过花朵来传达真实的感情。到 19 世纪时花语已经发展出了一个完整的模式，这一模式借由各式各样的字典与大纲传播至各地。其中的代表作品是一部 1819 年出版于巴黎的指南手册，该手册一经出版就很快成为畅销书，不断重印，并被翻译成各种语言，这便是夏洛特·德拉图夫人（Madame Charlotte de Latour）的《花的语言》（Le Langage des fleurs）。关于这位作者人们知之甚少，人们只知道这个名字很可能是地理学家与法国国家图书馆图书管理员尤金·科唐贝尔（Eugène Cortambert）的太太露易丝·科唐贝尔（Louise Cortambert）所用的假名。[1]

作者身份不确定是很少见的，但是即便是这本书的翻译本及续写本直至今日也常常是用假名出版的。这位女作者（甚至也可能是位男性）之所以想要隐瞒自己的身份，很可能是因为花语之类的书籍在当时都被归类到通俗文学中。虽然自 19 世纪起这种轻松娱乐的文学作品就十分畅销，但是却被认为是缺乏学术性的。当然，这种隐瞒也可能源自人们认为这类书主要面向女性读者。

虽然德拉图夫人的本意可能主要是想为读者们提供娱乐消遣，但是她的书却带有一种那个时代十分典型的百科全书式的特质，这一点主要表现在书的系统性与条理性上。这本书包含三个部分，即前言部分、根据季节及花朵排序的部分以及该书的核心部分——按字母排序的部分。德拉图夫人的作品以一种入门读物[2]的形式用两个列表展示了各种花朵及其所对应的花语：一个列表是根据花的名字进行排序，另一个则是根据想要表达的含义进行分类。而此书的出发点就是将性格特征与象征着某种感情或道德概念的花朵联系起来，比如书中认为异味蔷薇代表着不忠，橙花代表着贞洁，而山楂象征着希望，等等。基于这种对应关系，人们就可以借助花来传达信息了。

这个手捧一束花的人在隐藏什么？

马克西姆·勒·福雷斯蒂尔（Maxime le Forestier）[3]

---

1　关于花语传达感情的历史请参见杰克·古迪（JackGoody）的《花的文化》，第 232–253 页，以及贝弗利·斯顿（Beverly Seaton）的《花语：历史》，特别是第 70 页等。

2　参见本雅明·布勒、斯蒂芬·里格（Benjamin Bühler / Stefan Rieger）：《植物的生长》。

3　马克西姆·勒·福雷斯蒂尔（Maxime le Forestier）：《手捧一束鲜花的男人》。

德拉图夫人认为，花之密码尤其适合传达恋人之间的感情。所以她的书中有许多代表着背叛、真相、嫉妒、幸运以及简短的请求之类的内容，比如"帮帮我"，或者像"您的出现让我重获新生"之类的奉承话。但这本书的风格并不是轻佻的，更准确地说，德拉图夫人是在宣扬用委婉的说法表达纯洁以及非性欲的爱。书是写给一位年轻的姑娘的，她就像真正的香罗兰一般与世无争，她最大的乐趣是研究家乡的各种植物，而温柔的花朵唤起了她的感情。她品行端正，鲜少露面，能抵御一切世俗诱惑。[1] 因此，婚姻就是她与她的爱人用花朵来交流的目的。

直至今日，人们都会将象征着各种情感的花语与这种保守的、理想中的爱情联系起来。比如在凡妮莎·笛芬堡（Vanessa Diffenbaugh）2011 年出版的小说《花语女孩》（Die verborgene Sprache der Blumen）中就讲述了一个性格孤僻自闭的孤儿维多利亚的故事。维多利亚不会表露她的感情，总是自己处理各种问题，而且她只有通过花朵才能与别人交流。在书中，维多利亚恋爱了，并且意外地怀孕了，在书的结尾，她终于直面了成为一位母亲以及妻子的挑战，因为她学会了不仅仅通过花朵，而且能通过话语来表达自己的感情。

从这个简短的故事梗概中我们已经可以看出，笛芬堡的这部世界畅销小说是如何巧妙地将花语的文化史同一个意料之中的恋爱情节结合在一起的。尽管《花语女孩》中的故事发生在 21 世纪，但这部小说的性道德观却带有明显的维多利亚时代的特征，这一点从主角的名字中就可以看出来了。但是与其说是这个感情细腻的、理想般的爱情故事本身，倒不如说是这本书与花卉主题的这种紧密联系让人感到惊奇。自瑞典科学家卡尔·冯·林奈（Carl von Linné）于 18 世纪中期对植物进行了系统的分类开始，人们就知道了花朵是植物的性器官。然而花朵依旧被看作纯洁——尤其多指女性的纯洁——的象征。1929 年，这种矛盾性引起了法国作家与理论家乔治·巴塔耶（Georges Bataille）的注意，巴塔耶用精神分析法对这一现象进行了分析，他认为这是一种双重迁移：花朵之所以能够代表纯洁的爱情，是因为植物开花就像人类恋爱一样，是孕育下一代的前提。另外，人们选择了花冠而不是真正的繁殖器官雌蕊和雄蕊，是因为"人类的思维习惯于在涉及人的时候，进行这种（从器官到整个人的——作者注）迁移"[2]。因而巴塔耶认为，将花朵看作爱情的象征就是这种替代过程的体现。

---

1　夏洛特·德拉图夫人 [Madame Charlotte de Latour，即露易丝·科唐贝尔（Louise Cortambert）]：《花的语言》，第 9 页。

2　乔治·巴塔耶（Georges Bataille）：《花的语言》。

图片摘自卡尔·布卢毛尔（Karl Blumauer）：《花语：爱国文学作品集》（*Die Blumen-Sprache, nach vaterländischen Dichtungen*, Hamm 1826）

图片摘自尤科苏斯·法塔利斯（Jokosus Fatalis）：《西方国家的花语，或植物、花朵以及香草的含义》（*Die Blumensprache, oder Bedeutung der Pflanzen, Blumen und Kräuter, nach Occidentalischer Art*, Berlin 1827）

　　而另一方面，也有许多作品将花朵直接明了地看作性的象征。比如性爱以及情色主题的小说、电影以及其他类型作品会偏爱用花朵来命名，或者作品中常常会配有花的插图。一部在德国十分畅销的性爱小说《五十度灰》（*Fifty Shades of Grey*）的袖珍版就是如此，小说的第一部至第三部分别画有三种不同的花：马蹄莲、兰花以及蔷薇。

　　这些对于花的不同理解与其说是出自林奈 18 世纪中期的研究，倒不如说是 20 世纪初那些把花朵用到性爱镜头中的艺术家的贡献。比如在乔治亚·欧姬芙（Georgia O'Keeffe）[1]的画作中、在伊莫金·坎宁安（Imogen Cunningham）以及罗伯

---

1　关于欧姬芙的花朵与性的主题作品参见茱莉亚·克里斯蒂娃（Julia Kristeva）的《不可避免的形式》。

特·梅普尔索普（Robert Mapplethorpe）[1]等人的摄影作品中我们都能看到花朵的身影，比如花朵的微观图或是通过某些细节展现技巧将花朵变成具有强烈性爱色彩的作品主题。值得注意的是，这些作品也导致人们对花朵的性别观念发生了变化。林奈的出发点是，花有雌性与雄性两种，这样一来，本来纯洁的花朵就与性器官联系到了一起，这虽然与当时的性道德观发生了冲突，但是至少还停留在社会已建立起的范畴中，比如林奈一直试图用植物学的思路理解婚姻的组织形式，从而强调其孕育功能。[2]而关于植物与性的艺术作品为两性世界打开了新的天地：一方面，花朵不再只是一种机械的繁殖器官，而是代表着一种广义上的自我享受，即原乐，比如，人们不是展示花朵与其传粉者之间的互动，而是会突出展示那些能让人们联想到人体性器官的植物器官；另一方面，在当时的植物学界已经过时了的植物两性说，在影像领域也同样失去了地位，因为人们在视觉上已经完全能够接受大部分开花植物的雌雄同体现象了。

> 如果我们不认识花，那我们关于幸福的象征以及表达方式就会变少。
>
> 莫里斯·梅特林克（Maurice Maeterlinck）[3]

　　在花语的历史上很早就出现了关于花朵不都是局限于两性之间的讨论。大约在德拉图夫人用花朵来表达其婚姻观与忠诚观的同一时期，东方学家约瑟夫·冯·哈默尔-普尔戈什塔尔（Joseph von Hammer-Purgstall）在一篇游记中重新解释了花语的起源及其作用。一直以来，人们普遍认为花语起源于土耳其皇室后宫，是宫墙里的女人们与宫墙外的恋人们之间的交流工具，[4]但是哈默尔-普尔戈什塔尔给出了一个新的回答：东方国家的这些秘密花语主要是女同性恋之间的沟通工具。[5]在哈默尔-普尔戈什塔尔及其几位男性追随者的眼中，花语是女同性恋者的一种消遣方式，一方面受到道德的摒弃，另一方面却又充满情爱的气质。

　　这些想法更像是一种一厢情愿。与其说这是通过考证后得知的所谓的东方世界

---

1　关于花朵主题的摄影作品概览可参见威廉·A.尤因（William A. Ewing）的《花卉摄影》。

2　关于林奈的两性观参见隆达·施宾格（Londa Schiebinger）的《植物的私生活》。

3　莫里斯·梅特林克（Maurice Maeterlinck）：《花的智慧》。

4　这一说法可追溯至《土耳其秘书》。

5　约瑟夫·冯·哈默尔-普尔戈什塔尔（Joseph von Hammer-Purgstall）：《关于花语》。

的传统，倒不如说是显露出了这些西方观察者的内心想法。[1]但令人吃惊的是，这些对东方的幻想与 1850 年前后的文学作品中关于花的隐喻的新理解不谋而合。在这一时期，卖淫以及同性恋等不涉及孕育下一代的性行为越来越多地与植物联系到了一起，较为著名的作品有小仲马（Alexandre Dumas fils）的《茶花女》（*Die Kameliendame*）以及夏尔·波德莱尔（Charles Baudelaire）的诗集《恶之花》（*Die Blumen des Bösen*），还有裸体摄影师先驱威廉·冯·格鲁登（Wilhelm von Gloeden）的照片抑或是后来马塞尔·普鲁斯特（Marcel Proust）的《追忆似水年华》（*Suche nach der verlorenen Zeit*）中，都可见一斑。因此可以说，自 18 世纪起，花朵不再只具有先前的美学功能，也成为一种具有性意义的存在，而从 19 世纪起，一直以来人们所认为的花的两性说也同样开始受到质疑。

> 在每朵花的花茎上都用纸片写上了花朵的名字，并用小玻璃罩盖住。这些玻璃罩是用来防雨的，上端封死，下端翻起，还带有一个小小的排水槽。近距离观察完以后我又往后退了几步，看了几眼整面墙的花。
>
> 阿达尔贝特·施蒂弗特（Adalbert Stifter）[2]

虽然在这一过程中，不同媒介中的花语也开始变得不同，比如在绘画、摄影、文学以及植物学中，花语都有着各自不同的意义，但是不同媒介之间也会互相赋予彼此新的灵感。此外，在各个领域之内，花语的意义也会不断得到精练、完善。比如，德语不同地区的方言有时候会导致植物有各种不同的名字，比如蒲公英（Löwenzahn，直译为"狮子的牙齿"），拉丁学名"*Taraxacum*"，在施瓦本地区被叫作"尿床的人"（Bettsoicher, Bettnässer），而在弗兰肯地区被叫作"牛花"（Kuhblume）。

当人们想要把这些植物的名字翻译成外语的时候，这一问题就显得更加棘手了，因为有时候一种语言中的名字在另一种语言中不见得指的是唯一的一种植物。比如英语中"Marigold"（万寿菊）一词在德语中可能指的是金盏花（Ringelblume），也可能指的是万寿菊（Studentenblume），如此一来这一个英语单词指的就是两类在植物学上不同属的花朵了，一个是金盏花属（*Calendula*），另一个是万寿菊属（*Tagetes*）。

---

1　参见阿兰·格罗里夏尔（Alain Grosrichard）的《后宫结构》。

2　阿达尔贝特·施蒂弗特（Adalbert Stifter）：《晚来的夏日》，第 138 页。

对此，林奈的花朵命名法就可以派上用场了，但是无论是德拉图夫人的作品，还是德国最广为人知的约翰·丹尼尔·西曼斯基（Johann Daniel Symanski）的《花之语》（Selam，1820 年出版于柏林）都没有类似的解释，虽然这两本书出版之时，这位瑞典植物学家林奈的著作《自然系统》（Systema Naturae，出版于 1735 年）已经出版了 80 多年。因为德拉图夫人作品中充满感情的花语虽然创作于 19 世纪，但是沿用至今的林奈植物学命名法却早在一个世纪前就被创立了。林奈的中心思想是双名命名法，即在植物的属名（Gattung，首字母大写）之后附上种名（Artepitheton，首字母小写）。比如彗星兰属（Angraecum）包含有 200 多个种，而"Angraecum sesquipedale"指的就是其中的大彗星风兰（Kometenorchidee）这一种。

但是，这种植物学命名语言不仅比平日惯用的、流传下来的名字准确得多，而且与一直声称具有普遍有效性的表达感情的花语相比，真正更具有广泛适用性。植物学命名实际上是一种超越国别的严格规范的代码。2011 年出版的《国际藻类、真菌、植物命名法规》（International Code of Nomenclature for Algae, Fungi, and Plants）对植物分类法进行了更新，而其前身源自 19 世纪。

名字有什么关系呢？玫瑰即使换了一个名字，她也依然芬芳。

威廉·莎士比亚（William Shakespeare）[1]


正如所有植物爱好者所知道的那样，植物分类学的建立并不意味着大量的花朵及其他植物的日常惯用名字被替代掉了，而是意味着植物界中多种命名体系的共存。另外，植物学名称与日常名称也不是一一对应的，植物分类学体系下的名字比植物的日常名字要多，因为科学分类体系应当毫无例外地涵盖一切植物属种，而日常惯用名字则不必那么精确。自然地，这个分类学命名系统是一个开放的体系，一方面不断有新的植物属种被发现，另一方面对现有的植物分类体系的研究也会不断深入，在必要情况下也需要对该体系进行修改。

另外还要补充的是，正如第一眼看起来的那样，植物分类学命名与日常用名根本不是完全对立的，至少从历史的角度来看待二者的关系时是如此：现有的分类学体系下，植物的名字除了包含其形态学特征、已知疗效、神话传说或者是名人名字（以名人名字命名）以外，也含有一些日常名称。所以，虽然植物的名字根据命名法

---

1　威廉·莎士比亚（William Shakespeare）：《罗密欧与朱丽叶》。

《玫瑰》（»La Rose«）与《风信子》（»La Jacinthe«），出自爱洛伊丝·勒鲁瓦（Héloise Leloir）的《各国时装、花朵及女性展览》
（*Galerie fashionable de costumes, de fleurs et de femmes de tous les pays*, Paris 1844）

规定要用植物学拉丁语来写，但是除了拉丁语与希腊语之外名字中也出现了许多其他语种的成分，而且植物学拉丁文本身就含有多语种的成分。这样也就产生了一个充满改写与翻译的领域，而在这一领域内只有少数专家能够游刃有余，因为除了植物学知识，他们还需要懂得多门外语。[1]

> "找花呗，"他深深叹了一口气，回答道，"可一朵也找不着。"
>
> 约翰·沃尔夫冈·冯·歌德（Johann Wolfgang von Goethe）[2]

---

1 值得注意的是，语言学家赫尔姆特·格瑙斯特（Helmut Genaust）是个例外，如果没有他的《植物学名称的词源词典》，那么这本关于花语的书就不会是现在这个样子。

2 约翰·沃尔夫冈·冯·歌德（Johann Wolfgang von Goethe）：《少年维特的烦恼》，第 111 页。

因此，林奈的分类体系是由不同语言组成的，并按照拉丁语语法规则进行曲折变化，拉丁语在很长一段时间里都是科学研究领域的专门用语，并且直至今日都是生物学命名法的规定用语。但是植物学命名极少会单独出现，因为正确命名一种植物的前提是要有一个能够准确识别该植物的描述。如果花朵的名字不能表现出其外形特征，那么就要依赖描述部分来供人们辨认各种花朵了。因此植物的描述部分既是命名的前提，也是其不可或缺的组成部分。在科学文献中，描述部分通常是用拉丁语写成，而在供学者和新手使用的专业手册与参考书中也会用各国语言来编写。在这些书中，描述部分的表达方式自成一派，文字尽可能被表达得朴实、准确、易理解，这样在阅读时读者们就可以在心中形成一个清晰的植物的形象。为了符合学术性的要求，书中会采用一种精巧的语言表达方式用不同的组成部分来构成植物的名称，一方面可以与日常用语习惯保持一致，另一方面也会使用一些专业术语，细细读来，书中的语言就会带有一种独特的诗意之美：比如从"羽状的茎"到"齿状的叶子"，再到"外来植物"、"小蜂窝状的种子"甚至"绯红色的云絮"等。这样一来，尤其是在阅读这些旧时的植物学书籍时，人们会觉得科学与文学之间的界限不是那么泾渭分明。

> 一朵蓝色的花，一朵黑色的郁金香，意见分歧，学者纷争。
>
> 倒塌的新建筑乐队（Einstürzende Neubauten）[1]

对于生物分类学者是个问题、对于语言学家是个挑战的事情，对于文化与文学学者来说却是一个丰富的典故世界，引用一二几乎总是值得的。所以无论是在文学作品中，还是在电影里，我们总能在各种情境下看到植物那些意义丰富的名字。比如小说中某位女性角色的名字与花朵相关，但是无论这个名字是否反映了花语的意义，花朵的名字总是会引发历史的以及诗意的联想，这些联想会与植物学的描述语言产生共鸣。

因而，自然科学与美学领域的花语之间的关系比至今人们所以为的要近得多。花语与小说之间的关系也是这样。在德拉图夫人的《花的语言》中就有许多内容是建立在小说的基础上，比如在解释为什么要将某种花与某个含义联系在一起时：扁桃象征着缺少考虑是源自奥维德（Ovid）的《古代名媛》（*Heroides*）中的一个故事，

---

1　倒塌的新建筑乐队（Einstürzende Neubauten）：《花》。

图片摘自埃尔泽·冯·霍恩施泰因（Else von Hohenstein）的《花朵的语言》（*Sprechende Blumen und Blüten*, Mülheim a.d.Ruhr 1899）

图片摘自让－伊尼亚斯－伊西多尔·德·格朗维尔（Jean-Ignace-Isidore de Grandville）的《花样女人》（*Les Fleurs Animées*, Paris 1847）

写信的这位名媛还说她孩提时代听过艾蒿会带来幸运一说。另外还有神话传说（比如水仙的故事），植物学入门者的观察记录，世界文学中的引证，趣闻逸事以及提到各种花朵名字的引用之处。

与早期的文章相比，现在的植物学研究中已经很少引用小说了，但是在植物学的综述类大众文学中依然常常可以见到小说的身影，这些文章中常常会讲述植物的名字中所蕴含的科学故事。

无论是文学还是植物学都渐渐不满足于始终无法覆盖其历史发展过程的全部故

事。在不断尝试的过程中，它们自身也成为这些故事的一部分，它们续写着这些故事，同时也丰富了花语的象征意义以及术语表。所以，花语一直都是一种二维语言，花语不仅是语言本身，同时还包含了花语被赋予的各种丰富的意义。所以花并不是一种空洞的存在，而更多的是一种富含文化意义的符号，是历史与故事的承载。而正是这些使得花朵拥有了经久不衰的魅力与诗意的潜力。

而花朵在文学与电影中无处不在也刚好能证明这一点，即使是受过训练的人有时也会在意料之外的地方发现花朵的身影：比如电影中的某个背景，比如在小说中顺带一提，又或者是某个源自花朵的名字。同时，与在植物学领域相同的一点是，在提到玫瑰或者郁金香的时候是否指的是这种花的隐喻意义，因为一旦提到某种花的名字，就会形成某种特定的语境，而不同的花朵形成的语境各不相同。

但是，有些文学类型会比其他类型更频繁地使用到花朵。除了前文中说过，自林奈时期开始情色作品就与花朵的意象关系十分紧密之外，还有一些感情色彩浓厚的文学作品类型也经常出现花的身影，比如虚构小说、爱情小说以及家族史。在这些作品中花朵经常作为一种主题而存在，作品借助花朵来象征人物关系。尤其值得注意的是，广义上的移民小说中的花朵主题，大多是女性主角经常会出于政治或经济的原因被迫背井离乡，她们常被设定成社会的边缘人物，企图到他乡寻找幸福，这个他乡经常是某个西方的大城市。除了这些大众文学类型的、有些千篇一律的花朵小说，还有许多高品位、高档次的作品也会用到花朵的隐喻技巧，借以描述背井离乡的种种体验。花朵经常会成为故事中的主题与题材，即使只是情境中顺带出现一下，也需要用专业的花语学技巧才能破译其所蕴含的意义。

> 玫瑰是一朵玫瑰是一朵玫瑰是一朵玫瑰。
>
> 格特鲁德·斯泰因（Gertrude Stein）[1]

那么书一开始说的安德里亚斯·多劳想要借郁金香与水仙讨论些什么呢？不经意地，我们就会发现歌的后半段中有一句很短的歌词写着花朵们对话的内容："不要爱情，要竞争。"熟悉花朵感情语言的读者们会立刻明白这里到底在说什么：多劳的花朵们不太高兴，因为没有人问过它们的意见，它们就被当作了浪漫爱情的象征，它们决定通过自由的竞争来获得它们的象征意义。它们决定要反抗这一固定的

---

1　格特鲁德·斯泰因（Gertrude Stein）：《圣徒艾米莉》。

配对模式，要从固定的象征变身成为一种开放的符号，而这一转变也正是本书的出发点。

花朵的反抗精神来自19世纪中期的一部作品《花样女人》[1]。作品中在格朗威尔的这些著名的石版画旁附上了许多说明文字，讲的是一个关于花朵起义的故事：在花朵王国中，花朵臣民们拒绝出现在人类的图画上，因为没有人问过她们的意见，她们要求花朵女王让她们以人的形态来到地球上。到了地球上以后，虽然花朵们成为她们各自故事中的英雄，但是最终她们不得不承认，之前赋予她们的那些象征意义完全是正确的。早在1850年前后，在一部针对广泛读者的书中，人们就已经开始对花朵感情语言进行元思考，但是这种元思考并没有促使已然僵化的花朵的隐喻发生改变，而是加深了性别的刻板印象。

与多劳在歌中由"要竞争"这句歌词引出的绝对开放性相比，早在18世纪晚期，德语文献中就已经出现了这种思考，这是德语文献中最早的有关花语的作品之一——一本袖珍日历："这种秘密语言只有情侣之间才会知晓。而且为了能够让这种语言更加隐晦，经常会根据一些约定俗成的规则对花朵的特征做出一些改变，比如让玫瑰代指苋菜通常表达的内涵，或者是用紫罗兰代指本应由石榴花代表的含义。"[2]像所有其他语言一样，充满感情色彩的花语也是基于语言的任意性原则：即使在那些所谓通用的花语手册中，花的名字与其含义的对应关系也始终不过是根据某种惯例约定的，因此这种对应关系也随时可以被去掉。[3]

所以，想要通过花来传达信息就始终带有一种游戏般没有目的的感觉，但也绝对有其严肃的一面。一方面是对花及花语进行空想式的配对，另一方面人们又一直想要一种真实的感觉，因而也就需要寻找更真实的花朵符号来表达这一感觉，对于这个问题，人们也只能不停地进行符号的自由竞争，文学、植物学、文化学以及媒体中的各种花语也正是如此。但是无论什么比赛都要有规则。比如下面这句：

---

1 让－伊尼亚斯－伊西多尔·德·格朗维尔（Jean-Ignace-Isidore de Grandville）：《花样女人》，在其德语版本中没有译出此处提及的说明文字。

2 弗里德里希·尤斯廷·贝尔图赫、格奥尔格·梅尔希奥·克劳斯编［Friedrich Justin Bertuch / Georg Melchior Kraus（Hg.）］：《潘多拉》，第49页及以后。

3 关于花语的解构参见克劳黛特·萨提琉特（Claudette Sartiliot）的《植物标本，语言》，以及亚历山大·施万（Alexander Schwan）的《"嘴上说不出，就要靠花讲"》。

就像也许有人会这样说我，我在这儿不过是用别人的花做了一个花束，除了用来结花的线以外，我没有别的东西。

米歇尔·德·蒙田（Michel de Montaigne）[1]

从德拉图夫人《花的语言》开始，花语类的作品在法国、德国以及英国变得格外流行，19世纪还被传播到了美国。所以这主要是发生在西欧以及北美地区的一个现象，因而本书的语言也主要是法语、英语以及德语三种。另外，本书中希腊语以及拉丁语的内容属于第二梯队，因为从植物双名命名法的词源学角度来说这两种语言尤为重要。[2]

书中所列各种花朵按其所出现的语言中的名字的字母进行排序，比如某种花朵源自一部美国小说，那么就由这种花的英语名字来决定其顺序（比如矢车菊，其排序是C组，便是根据其英语名字"cornflower"，而不是其德语名字"Kornblume"）；如果是出自卢梭的作品，那么就按其法语名字进行排序（比如长春花便要根据其法语名字"pervenche"而不是德语名字"Immergrün"来排序），其他的就按照德语名字来排序。

在每种花朵的条目开头会有相应的植物学描述，这些描述内容主要引自18至19世纪的历史文献。在其他的花语书籍中，这部分主要由诗句或是整段的诗歌构成，但本文想要展示的是在专业文献中是如何描述这些花朵的。

另外，每个条目的开头部分还包含一段历史上的花语作品赋予这朵花的含义的引文，通常是与正文中所讲的故事一致或是——像自由竞争所遵循的那样——与正文含义完全不同。所有的条目下都配有历史上所画的这种花的插图。有些花与其说是来自大自然，倒不如说是源自幻想，对于这些花则选取了与它们最相似的花朵的插图。

文中所列的关于植物学描述、花语以及故事的出处更多的是为了列出引文的来源，而并不是作为一种推荐读物：对于这本花语手册，建议读者们用一种审视花朵的目光重新读一遍或者看一遍文中所提及的文学作品或者电影，当然也可以到其他地方探寻花朵们的身影。

因为只有这样，花语才能作为一种单独的门类继续存在，才能让花朵及花语

---

1　米歇尔·德·蒙田（Michel de Montaigne）：《蒙田随笔》，第三卷，第424页。

2　除了希腊语外，其余未加额外注释的内容皆译自本书作者。

更加匹配，才能让人们用花表达出更多的内心想法，才能实现自由竞争。而这样的竞争首先要让"花"这个概念变得更加开放：花的定义到底是什么以及通过什么来界定花，这两个问题还没有得到回答。在泽德勒（Zedler）的《百科词典》（*Universallexicon*）（1731—1754）中花被定义为"一种仅仅为了开花而存在的植物"，花被认定为是具有繁殖能力的。而在克鲁格（Kluge）1899年的词源学词典中，花"即开花"，认为花具有开放的行为。在生物学范畴内，作为一个具有生态功能的概念，花被看作生物学上的授粉器官，这一器官可以由多个花朵组成：从这个意义上来说，花是各种不同形式的生物进行交流的系统，即使这些生物并不能发出声音。与植物学范畴中的花所具有的特殊含义相比，花还有另外一个优点，即从广义上来说花还是一个美学符号；而作为这样一种符号，花朵做好了自由竞争的准备。

# 桂圆菊 Abécédaire

Parakresse / *Alphabet Plant*

种：桂圆菊 *Acmella / Spilanthes oleracea*
科：菊科 Korbblütler（*Asteraceae*）

即使是并不温暖的天气里也会盛开，可以在花园中用种子反复种植。

戈伯（Gerber），第 270 页。

能言善辩。

英格拉姆（Ingram），第 347 页。

　　至少在法语中这种植物的名字是以字母 A 开头的：*abécédaire*。德语中称其为帕拉莲（Parakresse），是根据其发源地巴西亚马孙河畔的帕拉州命名的，或者根据其原名称其为"Jambú"。但是无论是其德语名字还是巴西名字，都没有泄露法国人早就已经知道的一个事实：这种植物在给我们传达秘密的信息。

　　您不信？您自己看吧！如果您仔细地观察一下，您就能在这些深橘黄色的小花中辨认出许多字母。这得需要一点练习才能看出来，您得完完全全地集中注意力才行——请您暂时忘记其他的事情，全心投入这一新鲜的体验中来。

　　如果您对花语了解得更多一点，植物阅读就会更容易一些。不是这样？那我建议您在阅读桂圆菊的信息之前，先稍微翻阅一下这本书。桂圆菊只向业内人士公开其秘密信息。但是我可以向您保证：一旦您能辨认出花朵中的字母，那您离破解更复杂的信息就不远了。如果您学会了植物语言，那么每一朵您遇到的花都可以向您讲述一段故事。

"*Acmella / Spilanthes oleracea*" 源自拉丁语 "*acer*"（意为锋利）和 "*oleraceus*"（意为包菜状的），以及希腊语 "*spiloma*"（意为斑点）和 "*ánthos*"（意为花朵）。

埃米尔·戈伯（Emil Gerber）:《帕拉莲的化学成分》。

约翰·英格拉姆（John Ingram）:《花语》。

☆ B. 德拉克雅（B.Delachénaye）:《花朵入门读本》。

# 美国丽人 American Beauty

Madame Ferdinand Jamain / *Ferdinand Jamain*

属：蔷薇属 *Rosa*

科：蔷薇科 Rosengewächse（*Rosaceae*）

花形极大，花蕾美丽、微长、厚实，能长成大型灌木丛，具有浓郁的玫瑰香味，植株健壮，花朵簇生，孕蕾早但不稳定。

哈姆斯（Harms），第 233 页。

优美。

德拉图夫人，第 74 页。

永葆青春一直以来都是美国人的一个深深的梦想。所以，对于深受中年危机困扰、每日无聊至极的广告公司员工莱斯特·伯翰的愿望是重返青春、重获魅力这一点来说，一点也不让人惊讶。他住在无聊、单调的郊区里。在这死气沉沉的社区里，甚至他那每日精神紧张的妻子卡罗琳的花艺剪刀与园林围裙的颜色都竟然显得十分协调。

让莱斯特欲望苏醒的是他女儿珍妮最好的朋友，金发碧眼的天使安吉拉。她正值玫瑰般美好的 16 岁，而且看起来好像在情爱方面经验十分丰富。莱斯特越来越频繁地陷入白日梦之中，而梦的女主角就是安吉拉。安吉拉总是能满足莱斯特的各种需求，这位性感年轻的姑娘总是知道要如何唤起这个中年男人的欲望。莱斯特经常想象着，他的女神躺在红色花朵的海洋里或者是在撒满玫瑰花瓣的浴缸中。卡罗琳种在门前庭院中的玫瑰代表着严格的道德观以及如阉割一般的花枝修剪方式。这些花在她老公的梦遗中成为一种恋物癖。但无论是莱斯特成功地辞职还是他显著的健身效果都无法掩盖的是，这病态的一切必须被结束，而莱斯特也无法活过他的第二个春天。

这里所说的美国丽人是历史上从欧洲进口而来的一种花朵。在欧洲，这种花曾被叫作费迪南德·雅明夫人，是借用了一个虚拟的人名来表达对花朵拟人化的赞赏。而在美国，这种花因为美国丽人这个新名字成为一种民族产物，从玫瑰变成了神经症的代表。

哈姆斯神父（Fr. Harms）：《美国丽人或美人如何返老还童》，第 232-234 页。

夏洛特·德拉图夫人：《花的语言》。

☆电影《美国丽人》。

# 仙女越橘 Andromeda

Rosmarinheide / Bog Rosemary / *Andromède*

种：仙女越橘 *Andromeda polifolia / rosmarinifolia*
属：青姬木属 *Andromeda*
科：杜鹃花科 Heidekrautgewächse（*Ericaceae*）

拥有亮红色的花梗以及蜂蜜般的香气，也是一种蜜蜂喜爱的食物。

采齐莉（Cäcilie），第 7 页。

你帮我吗？

英格拉姆，第 307 页。

卡尔·冯·林奈 1723 年在拉普兰游历的第 12 天，这天，他早早地离开了他位于默奥的住所。天气阴沉沉的，他继续向北出发。乌云低垂，这位年轻的植物学家连"来复枪射程一半的距离都看不清"。

在一片沼泽中，这位 24 岁的青年学者偶遇了一位娇羞的女士，也正因为这个天气，这一切留给他的印象格外深刻："我怀疑没有哪位画家能在画作中再现出这位年轻女士的美好，也无法勾勒出她那如天赐般姣好的面孔。"让林奈如此神魂颠倒的并不是一位真正的女性，而是一朵花，他一开始为这朵花起了一个十分冗长的名字 "*Erica palustris pendula, flore petiolio purpureo*"。铃铛般悬垂的淡粉色花朵唤起了这位植物学家内心的诗人情怀。她站在沼泽中的一小片草地上，四周被水环绕，随时可能受到"毒龙和猛兽"的袭击，"*Erica*"（见石南）这个名字让林奈想起了安德洛墨达（Andromeda），埃塞俄比亚国王克普斯的女儿，安德洛墨达遗传了她母亲卡西奥佩亚的美丽，她的美貌远远超过了海神尼普顿的几个女儿。海神无法忍受这样的比较：他把安德洛墨达困在了海边的一块岩石上，还派了一只怪物想杀死她。但是这位娇羞的美女被杀死美杜莎的勇士珀尔修斯救了下来。

不过，林奈对这位年轻女士的幸福结局并不怎么感兴趣，他更在意的是她还不懂两性秘密的这个时刻：害羞脸红之前的短暂瞬间。在这位植物学家神话故事般的视角下，安德洛墨达与石南花，女性与花朵，合二为一了："她就站在那里，悲伤笼罩着她的面孔，顶部的花朵是她粉红色的面颊。面颊变得越来越苍白，花头也变得越来越苍白。"林奈施了魔法，从现在开始仙女越橘就与她的希腊知己有了相同的名字："从今往后安德洛墨达就拥有了叶子！她半卧在地上，露着脖颈，今后就拥有了躯干。"

"*polifolia*" 源自希腊语 "*polys*"（意为多的）以及拉丁语 "*folium*"（意为叶子）。

采齐莉（阿玛莉·亨利埃特·卡洛琳·福格特）[Cäcilie（Amalie Henriette Caroline Voigt）]：《装饰磨工与绣花女工花语字典》。

约翰·英格拉姆：《花语》。

☆卡尔·冯·林奈（Carl von Linné）：《拉普兰游记及其他文章》。

☆奥维德（Ovid）：《变形记》第四卷。

# 山楂 Aubépine

Weißdorn / *Hawthorn*

属：山楂属 *Crataegus*
科：蔷薇科 Rosengewächse（*Rosaceae*）

长在很高的丛林中，在贫瘠的土地上十分常见，多刺，结有美味的小果子。
《汉堡杂志》，第 496 页。

希望。

德拉图夫人，第 26 页。

您肯定以为我会讲马塞尔·普鲁斯特（Marcel Proust）的《追忆似水年华》（*Recherche*）。您得承认：山楂，对花朵有研究的读者一听就会想到小铃铛。不过既然您已经知道了这个故事，那我如果还讲这个故事未免就太无聊了。

比普鲁斯特早大约 70 年前还有一位至今从未被提及的作家也借由山楂表达了自己的想法。在小说《拉伯西尼医生的女儿》（*Rappaccinis Tochter*）的前言中，作者提到了一位法国作家，名叫奥贝频（Aubépine），这位作家的叙述风格被认为是冷漠、难以接近的，因为他的作品中总会运用许多讽喻。在作者纳撒尼尔·霍桑另一部翻译成法语的作品《花的名字》（*Nom de fleur*）中他讲了自己的故事，并且呼吁读者不要忽视讽喻，而是应该去理解讽喻。

读完上面这个说明就可以读下面的这个小故事了：年轻的大学生乔万尼从自己房间的窗户看到了拉伯西尼医生花园中美丽的植物以及他的女儿比阿特丽丝。比阿特丽丝用一种不可思议的方式与花园中一朵紫色的花交谈，而且据说她呼出的气体都是有毒的。虽然医生尽力不让他的女儿与外界接触，但是比阿特丽丝还是在花园中见到了乔万尼。约会几次以后，乔万尼觉得自己被她传染了，于是在与她交谈过后乔万尼给了她一瓶神奇的药水，据说这种药水可以解掉她身上的毒。然而药水与毒混合在一起，要了比阿特丽丝的命，独留乔万尼在世上。与其说是神奇的药水杀掉了比阿特丽丝，倒不如说是无论她如何解释乔万尼却从头到尾都认为她有毒的这个事实。这种无法对歧义进行分析、无法理解讽喻的男性视角才是真正的凶手。如果我在这里讲了普鲁斯特关于山楂的故事，您就无法知道这个故事了。

"*Crataegus*" 源自希腊语 "*kratýs*"（意为强壮的、高大的）。

《汉堡杂志》第 17 期（1756）。

夏洛特·德拉图夫人：《花的语言》。

☆ 纳撒尼尔·霍桑（Nathaniel Hawthorne）：《拉伯西尼医生的女儿》。

# 奥黛丽二世 Audrey Ⅱ

Audrey Ⅱ / *Audrey Ⅱ*

科：女诗人科 Dichterinnengewächse（*Poetaceae*）

节间极短，小耳朵状的捕虫夹紧贴花茎且稍有重叠，以至其看起来有点像下部生出许多根的鳞茎植物。

库尔茨（Kurtz），第 12 页。

假象。

沃特曼（Waterman），第 214 页。

奥黛丽二世，这株花与她的同名者几乎没有什么共同点。奥黛丽一世本人是一位十分恭顺的女性角色，对虐待成性的牙医奥林的各种无理要求毫无怨言、服服帖帖，但是奥黛丽二世不仅十分清楚自己想要什么，而且还可以无所顾忌地喊出来："喂我！"这句话喊得越来越大声，小店员西摩甚至在噩梦中都能听到。喂饱奥黛丽二世绝不是一件容易的事，因为她最想要的可是人血。

本来一切都是好好的。在一个日全食的下午，西摩在一家中国店里买到了奥黛丽二世，从此便开始悉心照料这棵小植物。可奥黛丽二世却突然开始枯萎，这时西摩一不小心扎破了手指，瞧：新鲜的人血的香味唤醒了这棵长得像捕蝇草和牛油果的混合体的古怪植物。西摩把奥黛丽二世摆在了自己工作的花店里，而这株花成为老板穆希尼的招财宝。但是这招财宝是有代价的，因为西摩得定期喂她喝新鲜的人血。

花越长越大，胃口也越来越大，这棵来自宇宙的绿色怪兽终于现出了原形。这棵贪婪的植物吃掉了牙医和花店老板之后，又想要吃掉奥黛丽，西摩终于受够了这种犯罪行径，最后他偶然用电击杀死了奥黛丽二世：这株食肉植物爆炸成了千千万万的小碎片。影片的最后一幕是西摩与奥黛丽在郊外幸福地生活在了一起。童话一般的美好结局。但是这田园风光背后暗藏杀机：一株奥黛丽二世的小嫩芽已经在他们的花园里悄然长大。

F. 库尔茨（F. Kurtz）：《捕蝇草叶片解剖》。

凯瑟琳·H. 沃特曼（Catherine H. Waterman）：《花典》。

☆电影《恐怖小店》。

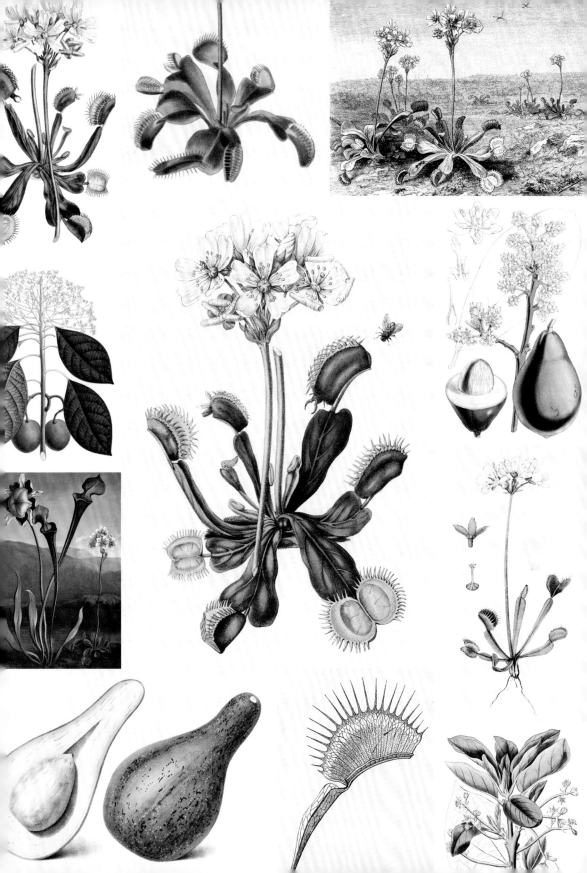

# 小米草 Augentrost

Eyebright / *Euphraise*

**属**：小米草属 *Euphrasia*

**科**：玄参科 Braunwurzgewächse（*Scrophulariaceae*）

花茎直立、被毛、多枝，多红色，叶对生，呈卵形，环绕花茎，有凹槽，边缘有尖齿。

赫格特（Hergt），第 237 页。

你的眼睛令人着迷。

特纳（Turner），第 131 页。

奥蒂莉（Ottilie），一个贫穷的小女孩，长着极其美丽的双眸。奥蒂莉很喜欢待在农庄的花园里。她本性喜欢待在家里，去公园太烦琐，而湖边漆黑的悬铃木又会让她感到害怕。如果她不在家里待着，那她的注意力就都在花坛上。

她常常观察紫菀，虽然秋天天气不断变冷，但紫菀依然肆意盛开着。奥蒂莉让人种下紫菀，是因为爱德华的生日快到了，去年由于爱德华突然离开，所以并没有为他庆祝生日。而今年她也无法为爱德华送上她准备的生日礼物了，因为她相思成疾，拒绝进食，在爱德华生日到来之前就去世了。紫菀没有为寿星带来喜悦，却陪伴了死去的奥蒂莉。

奥蒂莉是一个经典的花之女孩。光是她的名字"Ottilie"听起来就会让人想到百合（Lilie）——一种象征着矛盾的美丽花朵，既会让人联想到纯洁，也会让人联想到腐败。但她除了是代表着性爱纯洁的花朵的化身，更是一位未来的圣人，患者们会到她的墓地去朝拜。圣奥迪尔（Heilige Odilie）是眼疾患者的守护女神，作为圣奥迪尔的亡魂，她始终是周围人最心爱的人（"Augentrost"除了指小米草还有最心爱的人的意思）。而就像这种无须寄生于其他植物便可存活下去的不起眼的小花一样，奥蒂莉在植物的静默之中埋葬了自己的一生。

"*Euphrasia*" 源自希腊语"*euphrasia*"（意为高兴、欢乐）。

约翰·路德维希·赫格特（Johann Ludwig Hergt）：《试论哈达马尔植物体系》。

科迪莉亚·哈里斯·特纳（Cordelia Harris Turner）：《花朵王国及其历史、情感与诗歌》。

☆约翰·沃尔夫冈·冯·歌德：《亲和力》。

☆瓦尔特·本雅明：《论歌德的〈亲和力〉》。

# 白日美人 Belle-de-Jour

Dreifarbige Winde / *Dwarf Morning Glory*

种：三色旋花 *Convolvulus tricolor*
属：旋花属 *Convolvulus*
科：旋花科 Windengewächse（*Convolvulaceae*）

这种旋花属植物并不会攀缘，其茎沿着地面生长。

《园艺杂志》，第 509 页。

束缚。

英格拉姆，第 348 页。

一边是塞韦林在记录他与女朋友旺达的约会，而另一边在 20 世纪的镜头下空气中弥漫着的那令人兴奋的花香则变成了真实的人。花香化身成一位叫作塞芙丽娜·司丽奇的女人。无论她的丈夫皮埃尔怎样不断地向她声明他对她的爱与日俱增，他也始终无法打破环绕在他妻子周边的那堵无法靠近的冰冷的墙。他完全不知道他妻子的那些幻想，在幻想中她被人束缚、鞭打、虐待，她将这些幻想与百年前自己的同名人联系了起来。

塞芙丽娜给自己取了白日美人这个名字，因为她想要对丈夫隐瞒她每天下午的那些不光彩的阴暗面。安娜依斯夫人拥有一家虽然规模很小但是很精致的高级妓院，到了中午，塞芙丽娜便开始在这家妓院上演她的放浪形骸。安娜依斯夫人已经开始准备冰镇香槟了：一位新人，得好好喝一杯才行！虽然这位总是穿着浅色衣服的女士需要一些时间才能适应，但是慢慢地她越来越喜欢这种服从的感觉了。这崭新的自由感并不在于她的工作可以获得报酬，而是在于以一种受控的方式摆脱束缚。只有这样她才能找到皮埃尔的体贴细致所无法给予她的满足感。不过她的性自主权也不能做得太过火。轻罪犯马塞尔对白日美人产生了兴趣，而这导致她在安娜依斯夫人那里的房间被炸掉了，还差点要了她丈夫的命。似乎让皮埃尔下肢瘫痪还不够，她还向皮埃尔坦白了自己的出轨行为。

我们不知道皮埃尔有没有听明白她告诉他的那些话。同样，我们也不知道他能不能听到把塞芙丽娜吸引到窗前的马车铃铛声。那是孩子的喧闹声还是小猫的叫声？什么是虚幻，什么是真实，什么是被切割的现实，什么是塞芙丽娜的情爱表演，都无从得知了。

"*Convolvulus*"源自拉丁语"*convolvere*"（意为卷、扎）。

《园艺杂志》第 16 期（1788）。

约翰·英格拉姆：《花语》。

☆电影《白日美人》。

☆利奥波德·冯·扎赫尔-马索克（Leopold von Sacher-Masoch）：《穿裘衣的维纳斯》。

# 布卢姆花 Blumella

Blumella / *Blumella*

属：布卢姆属 *Blumella*
科：桑寄生科 Riemenblumengewächse（*Loranthaceae*）

花序成束，苞叶短于子房，花药较长，花粉囊横向分裂。

《公报》，第 438 页。

正是要克服困难的时候。

特纳，第 210 页。

卡尔·路德维希·布卢姆不是一个多么让人有好感的人。当时的人甚至认为他是个特别傲慢的人。而且一旦涉及他的工作范围，他就变得简直可以说是独断专横：他觉得，在植物分类方面反正没有人能比他做得更好，而且在新植物的分类上他的确是很少犯错。

但是布卢姆也有柔软的一面。1818 年到 1827 年他在爪哇岛做研究期间，除了科研上的通信之外，他还与法国地理学家和图书管理员尤金·科唐贝尔的太太露易丝·科唐贝尔有许多私人的信件往来，他们是在一次布伦瑞克公爵夫人的招待会上认识的，但遗憾的是，现在这些信已经读不到了。不过布卢姆的同事与学生找到了一些蛛丝马迹，从中我们可以发现，二人主要是在花语学的问题上做了许多深入的探讨。所以要说卡尔·路德维希·布卢姆对《花的语言》一书的出版做出了贡献也并不奇怪，露易丝·科唐贝尔于 1819 年化名夏洛特·德拉图夫人出版了此书，并以此开启了 19 世纪花语书籍出版的浪潮。

不知道是出于虚荣心还是出于对布卢姆职业操守的保护，即便《花的语言》一版再版，德拉图夫人都没有提及过布卢姆的贡献。我们只能寄希望于将来会有人能够更深入地研究一下布卢姆对花语学的贡献。

《法国植物学会公报》第 42 期（1895）。

科迪莉亚·哈里斯·特纳：《花朵王国及其历史、情感与诗歌》。

# 百叶蔷薇 Cabbage Rose

Rosier Cent-feuilles / *Kohlrose*

种：百叶蔷薇 *Rosa centifolia*
属：蔷薇属 *Rosa*
科：蔷薇科 Rosengewächse（*Rosaceae*）

花朵很大，花瓣粉红色，花香宜人，花园中可密集种植，植株较大、饱满且自成一体。

奥托（Otto），第 138 页。

爱的女信使。

英格拉姆，第 352 页。

在美国喜剧中，成功女性常常会爱上英国男人。美国男人们似乎永远处在青春期，做什么都十分懒散，而大不列颠岛上的英国绅士们则是旧世界美德的化身，比如真诚与勇气。再加上如果这样一位完美男人在纽约中央公园追小偷——注意是骑在一匹骏马上追——那即使是像凯特·麦凯这样自信的广告界商业女强人也会变得柔弱起来的。

剧中的这位李奥对于这个世界来说实在是太过完美了，准确来讲，是对于现代的这个世界来说。至少他本人坚称他是从 1876 年穿越到现代的纽约的，而证据则是他完美无瑕的餐桌礼仪以及面对吐司机和电话的手足无措。这位从 19 世纪时空旅行而来的公爵更加明白女性想要的是什么：屋顶的浪漫晚餐，月光下的华尔兹，而这一切都是为了凯特。即使是这样一位最喜欢穿西裤套装横扫职场的职业女性（实际上和其他女性一样），也渴望着自己生命中的那个男人。而现在，她找到了他，所以她没有多做犹豫便放弃了自己在市场调研领域的前途，跟随李奥回到了 1876 年。

不过在二人回到过去之前，李奥还帮凯特的弟弟查理纠正了花语方面的错误（顺便帮查理追到了女朋友）。查理想为他的意中人送一束花，他选了橘黄色的百合（代表着极度的怨恨）、秋海棠（代表着危险）以及薰衣草（代表着怀疑），而李奥建议他最好是送朱顶兰（见彼岸花）。朱顶兰的花语是，收到花的人拥有着无与伦比的美丽。或者还可以送百叶蔷薇。虽然李奥没有向我们解释百叶蔷薇的花语，但是从电影中我们依然可以知道这种花意味着什么：李奥与凯特从时空的裂缝中自 1876 年来到了现代又回到了 1876 年，百叶蔷薇就像是千百次交叠与重合的时空，代表着所有时空穿越电影的结局共同的悖论——一切早已注定。

"*Rosa centifolia*" 源自拉丁语 "*centum*"（意为一百）以及 "*folium*"（意为叶子）。

阿道夫·奥托（Adolph Otto）：《玫瑰栽培师》。

约翰·英格拉姆：《花语》。

☆电影《隔世情缘》。

# 山茶花 Camélia

Kamelie / *Camellia*

属：山茶属 *Camellia*
科：山茶科 Teestrauchgewächse（*Theaceae*）

山茶花只有一个缺点，无香。

毕克肖（Bixio），第 118 页。

持久。

扎科内（Zaccone），第 39 页。

对巴黎的上流社会来说，为什么交际花玛格丽特·戈蒂埃的包厢里一个月有 25 天插着一束白色的山茶花而剩下几天则是红色的山茶花，始终是个谜。如果稍微对女性的生理构造有一点了解的话，那这个密码也就不难了。而我们已经解读出更难的密码了。或许这些 1850 年的小说人物还从没有进入过花语的世界。不然他们早就知道这位交际花与年轻的作家阿尔芒·迪瓦尔的爱情故事的结局了：悲剧。

因为，不单颜色是一种密码，花朵的名字同样也是。我们女主人公的名字叫作玛格丽特（意为法兰西菊），一个普通的名字，而对她的那些仰慕者来说她只是"茶花女"。两个名字都与花朵有关，彼此的区别却是千差万别：一种是开在田间、树林以及草地上的小花，而另一种则是见过世面、能让人联想到日本的茶道文化的优雅的花。乡土的朴素与任性的文雅，玛格丽特与阿尔芒之间的疯狂的爱情在这两极之间不断游走，构成了这所有的故事，而我们的女主人公为了爱人的幸福，而心甘情愿地牺牲了自己的幸福。

虽然意大利作曲家在故事中运用了第三种花，在根本上也没有发生什么改变：维奥莱塔·瓦莱丽，一朵小小的堇菜（见仙客来），一位迷途的茶花女，同样是一位高雅、乐于助人且友好的女性。两位花之女性都死于肺病，因为无论是玛格丽特还是维奥莱塔都没有成为花期持久的山茶花。

"Camellia"（山茶花）一词是为了纪念摩拉维亚耶稣会信徒及自然科学家乔治·约瑟夫·卡梅尔（Georg Joseph Kamel, 1661—1706）。

亚历山大·毕克肖（Alexander Bixio）：《十九世纪农艺师》。

皮埃尔·扎科内（Pierre Zaccone）：《新式花语》。

☆小仲马（Alexandre Dumas fils）：《茶花女》。

☆朱塞佩·威尔第（作曲）、弗朗切斯科·玛利亚·皮亚威（作词）[Giuseppe Verdi（Musik）und Francesco Maria Piave（Libretto）]：《茶花女》。

# 卡特兰 Cattleya

Cattleya / *Cattleya*

属：卡特兰属 *Cattleya*
科：兰科 Orchideengewächse（*Orchidaceae*）

这是唯一一个所有品种都很美丽的科属。

贝尔（Beer），第 161 页。

成熟的魅力。

英格拉姆，第 348 页。

菊花（见菊花）与卡特兰是奥黛特·德·克雷西的最爱。这两种花都有一个很明显的优点，就是看起来不像是真正的花，而仿佛是由天鹅绒和丝绸制成的假花。奥黛特觉得，这种天然却看似人造的花朵与她摆满中国风装饰品的室内装饰搭配得非常完美。

与她的室内装饰同样精致高雅的还有奥黛特本人的装束。这位风月场的美丽女子总是打扮得非常时尚。奥黛特和查尔斯·斯万从韦尔迪兰夫妇的聚会回家的那天晚上也是，她的衣服和头发上都戴着一朵十分引人注目的卡特兰。奥黛特的这位殷勤的同伴已经喜欢她很久了，他注意到她的礼服上沾染了一点儿花粉，于是他便请求奥黛特允许他将花粉除去。可没有等奥黛特回答，斯万便动起手来。他没有把她弄得太痒了吗？他可以闻一下卡特兰的花香吗——听说这花没有香味？一个动作又一个动作，这两个人在回家的马车里的距离越来越近，超过了世俗礼仪应有的限度。

清理花粉一开始只是这个男人显而易见的借口，他就是想要通过这朵花越过世俗礼仪的界限罢了，而卡特兰很快就成为恋人间的秘密花语。摆弄卡特兰也就自此成为一句隐语，意思是肉体之爱的私密表达，两性交合的花之密码。借用了花的名字，人们就能在公开场合说这些话了，不然这种内容就只能在最私密的场合下才能说出口。

"Cattleya"（卡特兰）一词是为了纪念英国植物收藏家和兰花培育师威廉·卡特利（William Cattley, 1788—1835）。

约瑟夫·格奥尔格·贝尔（Joseph Georg Beer）：《关于兰科的实用研究》。

约翰·英格拉姆：《花语》。

☆米歇尔·普鲁斯特（Marcel Proust）：《去斯万家那边》。

# 菊花 Chrysanthème

Chrysantheme / *Chrysanthemum*

属：菊属 *Chrysanthemum*
科：菊科 Korbblütler（*Asteraceae*）

菊花有许多亚种，时而是鉴于其叶的形态以及大小或者是茎秆粗细，时而是鉴于花朵颜色，这也是最多的亚种分类，因为菊花有白色、黄色、红色、紫红色以及蓝紫色。

内姆尼希（Nemnich），第 1026 页。

他们需要被等一等。

卡赫勒（Kachler），第 102 页。

在大海上航行了很久以后，法国海军军官洛蒂很渴望回到陆地，到大树与鲜花之间过过日子。他决定娶个老婆来满足自己的这个愿望：菊子夫人每个月的租金是 20 皮阿斯特，她会照顾他们家中的菊花、准备茶水以及每晚弹奏她的长柄吉他。她脑袋里在想什么，洛蒂并不知道。有时他几乎觉得，她只是看起来在思考着什么而已。

19 世纪末的长崎十分无趣。没有什么复杂的密谋，没有什么故事，甚至没有什么欲望与企图。只是总会有一种缺了什么东西的感觉：一个真正的枕边人，而不仅仅是装饰品。但是书中一切都是以男性叙述者的视角展开，描绘了一番日本留给他的印象，而在这之中并没有为女性留下一丝空间。菊花是所有花中最能代表日本的一种，而菊子夫人就是菊花的化身，她也代表着洛蒂这位西方观察者的眼中所无法理解的关于日本的一切（虽然他会说日语）。菊子夫人的名字译成法语后虽然保留了菊花的意思，但却无法再现日语名字的优美的音调 —— Kihou-San。她只能单纯地停留在表面，成为一件看起来十分漂亮的手工艺品。

戏剧界的菊子夫人叫作蝴蝶夫人（Madame Butterfly），不过蝴蝶夫人十分怀念她那外国的丈夫，而菊子夫人则只会专心地数着从丈夫那里赚来的钱。而且我们的海军军官也不是很怀念他在日本的时光：离开日本不久以后，他就请求天照大神洗净他在这次婚姻中的罪孽。他把从长崎带回的已经干枯的莲花花瓣作为祭品撒入大海。他在各地旅行，收藏了许多干枯的花朵，所以他已经拥有了一个很可观的花朵标本收藏集，然而即使这些莲花花瓣是他在长崎夏天的最后的纪念，他对这些花瓣也没有什么留恋。

"*Chrysanthemum*"，即 "*Goldblume*"（金色的花），源自希腊语 "*chrysós*"（意为金子）以及 "*ánthos*"（意为花）。

菲利普·安德烈亚斯·内姆尼希（Philipp Andreas Nemnich）：《通用自然史多语种字典》第一卷。

约翰·卡赫勒（Johann Kachler）：《本土与外来植物百科字典》。

☆皮埃尔·洛蒂（Pierre Loti）：《菊子夫人》。

☆贾科莫·普契尼（作曲），朱塞佩·吉科萨、路易吉·伊利卡（作词）[Giacomo Puccini（Musik）/ Giuseppe Giacosa und Luigi Illica（Libretto）]：《蝴蝶夫人》。

# 三叶草 Clover

Trèfle / *Klee*

属：车轴草属 *Trifolium*
科：豆科 Schmetterlingsblütler（*Fabaceae*）

花冠呈明显的四叶形。

科赫（Koch），第 9 页。

幸运。

西曼斯基，第 219 页。

这位戴茜·克洛弗看起来是个幸运儿。年仅 16 岁的她便被十分成功的电影制片人雷·斯万发现，成为明星。只是，不能把她贫穷的家庭背景暴露到公众面前。毕竟，她被看作小玛娜·洛伊，应当将全身心都投入演艺事业中去。因此，应经纪人的要求，戴茜对外称自己的双亲已经离世。

但是这个说话粗鲁的淘气姑娘却辜负了她像雏菊花一样纯洁的名字"戴茜"：她行为散漫，不听管教。她的学习课程安排得很严格，唯一可以让她喘口气的是一位英俊的同事韦德·刘易斯，他们十分谈得来，韦德从不会因为她那些粗鲁的话语感到尴尬。他们俩成了一对热衷聚会而且常常一块儿喝得酩酊大醉的小情侣。然而快乐的日子却突然一去不返。韦德刚娶了小戴茜，就在蜜月旅行中又立刻抛弃了她：原来这位英俊的同事一直喜欢同性。后来戴茜和雷在一起了，但雷的眼中只有戴茜挣的钱。不出所料，雷也没有为她带来幸福。

当戴茜的母亲真正去世之后，她感觉前路一片渺茫，于是想要结束自己的生命。戴茜无数次想用燃气自杀，但全都失败了：她的电话会一直响起。这个世界显然还不想带走这位名字像经济团队虚构的艺名一样的少女。戴茜领悟到了这个秘密信息，她炸飞了自己在沙滩上的房子，以此向所有想要压迫她的人宣战。隐藏在戴茜·克洛弗内心的力量，终于得到了释放。

"*Trifolium*"源自拉丁语"*tres*"（意为三）以及"*folium*"（意为叶子）。

卡尔·海因里希·埃米尔·科赫（Carl Heinrich Emil Koch）:《植物界自然系统》。

约翰·丹尼尔·西曼斯基（Johann Daniel Symanski）:《花之语》（修订版）。

☆电影《戴茜·克洛弗的内心》。

# 黑兰 Colombiana

Colombiana / *Colombiana*

**属**：黑兰属 *Colombiana*
**科**：兰科 Orchideengewächse（*Orchidaceae*）

花序轴的第一节间会与叶脉连生，有时会长过叶脉，以至于花序或成束的花序看起来像是发源于叶面。

布里格、施勒希特（Brieger / Schlechter），第 415 页。

疼痛。

内布拉斯加（Nebraska），第 95 页。

在兰花的世界里，总是还要不断进行分类。并不是所有的属、种都记录在册，而且有时候已经存在的类别还需要重新进行划分。1973 年，兰花目录中的腋花兰属（*Pleurothallis*）被划分成了许多新的属。其中一个便是黑兰属，黑兰是 21 世纪的产物，而且在植物学领域之外也拥有其独有的类别：复仇女杀手。

卡塔丽亚（Cataleya，见卡特兰）目睹自己的双亲被黑手党唐·路易斯残忍杀害的时候，只有九岁。她的父亲已深深陷入这个毒品组织的阴谋诡计之中，在她的父亲被杀害之前，曾塞给她一个存有珍贵资料的芯片以及一个美国的地址。难怪这个小姑娘体内会迅速激发出杀手的本能：卡塔丽亚果断地一刀就解决了杀手马克，像杀手般矫健地越过屋顶，穿过建筑以及波哥达贫民区的下水道，顺利逃跑。芯片里的信息帮助她联系上了美国中央情报局，一来到美国，她就从她的女监视员手中逃掉了，她来到了芝加哥，与她的叔叔埃米利奥一起勉强度日。然而这个小姑娘并不想乖乖上学，她只有一个愿望：为父母报仇。幸运的是，她的叔叔埃米利奥很明显不是遵纪守法的上班族，而卡塔丽亚成为冷酷的女杀手以后，埃米利奥可以很方便地利用她。

在她的复仇之路上，她杀掉了无数人，当然了，每次她都会在尸体上留下一朵用口红画的兰花。这样一来，在这个跨国犯罪的世界里，卡特兰就有了一个新的含义。从性爱密码到冷血女杀手的签名，卡塔丽亚在世界各个角落留下痕迹，只为了最终能传到唐·路易斯的耳中，他就是那个杀害卡塔丽亚父母的凶手。他徒劳地在他位于新奥尔良蒙格诺利亚（Magnolia，见木兰）大道 867 号的别墅做着抵抗。21 世纪的复仇电影里，愤怒的（花之）少女永远能得到她们想要的东西。

弗里德里希·古斯塔夫·布里格·鲁道夫·施勒希特（Friedrich Gustav Brieger / Rudolf Schlechter）:《兰花》。

利兹·内布拉斯加（Liz Nebraska）:《意义丰富的花环》。

☆电影《致命黑兰》。

# 珊瑚藤 Coralita

Liane Corail / *Korallenwein*

种：珊瑚藤 *Antigonon leptopus*
属：珊瑚藤属 *Antigonon*
科：蓼科 Knöterichgewächse（*Polygonaceae*）

此类灌木植物并非呈原本的缠绕状，而是呈攀缘状。

《花园植物》，第 20 页。

快点儿，不然可能就迟到了。

克莱姆（Klemm），第 13 页。

如果文学中也有贝克德尔测验（一个关注性别平等的测验——译者注）的话，那这本小说是肯定通不过的。这些住在多米尼加芳香庄园的女性虽然每个人都有名字，而且互相之间也有对话，但是她们的对话里最后永远都是围绕着男人的。准确来说，是围绕着三个男人：从一战战场回到加勒比的时候已经毒品成瘾的爸爸，爸爸的毒品贩子利利波拉拉先生以及肺结核病人安德鲁。斯黛拉、乔安以及娜塔莉三姐妹都以各自的方式爱着安德鲁，可是谁也没有嫁给他，因为最后她们都嫁到了国外。斯黛拉和丈夫赫尔姆特在美国定居，赫尔姆特来自德国巴伐利亚，是个农民，但是她并不怎么喜欢纽约的冰花（见冰花）。乔安早就把她的政治榜样维奥利特女士（见三色堇）那温和、节制的观点抛在了脑后，与一位来自英国的社会主义者爱德华一起宣传阶级斗争。最小的孩子娜塔莉小小年纪就已经守了寡，家境富裕因而生活得很独立，她住在特立尼达拉岛，随心所欲地养着小情人。

一年夏天，三姐妹回到了岛上。她们的黑人老保姆拉里得了肿瘤，现在又继续照看她的养女们的孩子们。她对这个克利奥尔家族忠心耿耿，同时也是这个家族记忆的记录者。拉里的任务是维护好家中脆弱的平衡，自女孩子们离开以后这种平衡就形成了，而拉里并不是用语言来维护，更多的是用行动来维护这种平衡：当她看到珊瑚藤的枝长得要把花瓶弄倒了，她就会迅速地剪掉那根多余的枝条。小说最后，毒品贩子死了，爸爸和安德鲁坐着娜塔莉的飞机离开了小岛，而我们只能推测，男人和花是类似的。太太曾说，人在一生中总要得在花与生物之间做抉择。但是决定早就已经做下了：在芳香庄园里，没有一位女性想像爷爷和他的兰花一样。

"*Antigonon leptopus*"
源自希腊语 "*anti*"（意为反对、代替）、"*polygónon*"（意为蓼属植物）以及 "*leptópous*"（意为细脚的）。

《花园植物》第 24 期（1875）。

J. 克莱姆（J. Klemm）：《东方花语》。

☆菲莉丝·尚德·奥尔弗里（Phyllis Shand Allfrey）：《兰花之家》。

# 矢车菊 Cornflower

Bleuet / *Kornblume*

种：矢车菊 *Centaurea cyanus*
属：矢车菊属 *Centaurea*
科：菊科 Korbblütler（*Asteraceae*）

苞片附属物较长，常长至地面，沿苞片下延，边缘流苏状锯齿，无刺。叶片完整，较少有羽状分裂。

《皇家科学院研究报告》，第 645 页。

柔弱。

英格拉姆，第 298 页。

性感的伯莎就像暴风雨一般闯入这个下东区犹太移民家庭狭窄的世界里。与她那一直整洁体面、规矩礼貌的姐姐瑾雅不同的是，伯莎总是在出汗，用意第绪语和波兰语骂脏话的时候就像一只大苇莺，而且行为举止经常十分放肆。她在纸花工厂（见纸花）赚的第一笔工资就拿来买了十分性感的内衣，她的姐夫阿尔伯特对此十分反感。

彼此完全不同的两姐妹间的对话充斥着性爱的内容。这些话不能让小戴维听到，反而让小戴维更加专注地偷听。在老家加利西亚的时候，伯莎听到过一个传闻：她的姐姐根本就不像她表现出来的那么贞洁。而瑾雅却对家乡的往事闭口不谈，反而将目光转向了新的家当——窗外的汽车："多漂亮的蓝色啊！你不想变成有钱人，开上这么一辆车吗？"

而一幅画让瑾雅打开了话匣子，聊起了往事。她曾与一位年轻的管风琴演奏师路德维希相处过，然而恋情突然中断，因为他已经与另一位更有钱的女性订过婚了，而且反正瑾雅的父母也不会允许她同一个异教徒在一起。当路德维希与他的新娘乘坐马车去维也纳办婚礼时，被抛弃的瑾雅藏在了路边的农田里。在她瞥见自己脚边的矢车菊的一瞬间，内心的空虚感恰好消失了。而现在，在美国这个新的故乡里，她的厨房中也摆放着这种蓝色的花，与其说这些花会让她回想起失去爱人的痛苦，倒不如说是提醒她当年那种将她的目光从男人转移到花上的力量。

"*Centaurea cyanus*"源自希腊语"*Kéntauros*"（意为人马战士）以及"*kýanos*"（意为深蓝色）。

《皇家科学院研究报告》第 70 卷。

约翰·英格拉姆：《花语》。

☆亨利·罗思（Henry Roth）：《就说是睡着了》。

048

# 番红花 Crocus

Crocus / *Krokus*

属：番红花属 *Crocus*
科：鸢尾科 Schwertliliengewächse（*Iridaceae*）

花冠呈漏斗形，花筒长且细，顶端变宽呈喉状，花被裂片直立开展，彼此近似。
雄蕊短于花冠，花丝较短，花药直立，呈线形，基部箭形，长于花丝。

《维尔莫兰花卉园艺》，第 997-998 页。

希望的喜悦。

泰亚斯（Tyas），第 62 页。

赫马佛洛狄忒斯，赫尔墨斯和阿佛洛狄特之子，饱受湖中水仙萨耳玛西斯的追求之苦。赫马佛洛狄忒斯不断拒绝萨耳玛西斯的追求，可萨耳玛西斯始终跟随着这位腼腆的少年。萨耳玛西斯大声许愿，要让赫马佛洛狄忒斯永远不能离开她，她的愿望实现了：从此以后，这位水仙仙女与这位男性的神就永远住在了一个身体里。

生活在底特律的希腊后裔卡尔（卡利俄珀）·斯蒂芬尼德斯与他的神话中的祖先一样，是双性人。他／她的双性身份与家族史交织在了一起。新世界与旧世界、希腊与美国，这些在他／她的传记以及身体中以基因以及家谱的形式交织在了一起。她用卡利俄珀的名字作为一个女孩一直成长到青春期，而用卡尔的名字以男性的身份讲述了这部小说中的故事。回顾一生，卡尔想起了他性别觉醒的时刻：当窗外的春天发出了第一片新芽，这个小姑娘的双腿之间长出了一个奇怪的物体，就像是绽放前的番红花。这个东西有时软软的，有时又湿湿黏黏的，而有的时候它又会变硬。在这朵看起来似乎有独立生命的古怪的花中，男性与女性的生殖器还没有完全区分开。二者共存，组成了一朵虽然奇特却也幸福的花。

然而，一旦特征变得明显了，这朵矛盾的番红花就不能再存在下去了。要么男性，要么女性，这是排中律的法则。中性只是第三类的乌托邦，这是神话中所不允许的。

"Crocus" 源自希腊语 "krókos"（意为番红花）。

《维尔莫兰花卉园艺》第一卷。

罗伯特·泰亚斯（Robert Tyas）：《花的语言》。

☆杰弗里·尤金尼德斯（Jeffrey Eugenides）：《中性》。

☆奥维德：《变形记》，第四卷，第 670 页及其后。

# 黄水仙 Daffodil

Jonquille / *Osterglocke*

种：黄水仙 *Narcissus pseudonarcissus*
属：水仙属 *Narcissus*
科：石蒜科 Amaryllisgewächse（*Amaryllidaceae*）

花朵中等大小，黄色，呈下垂状。

《花园植物》，第 598 页。

自爱。

扎科内，第 71 页。

至少从古罗马诗人奥维德开始，我们便知道自恋是致命的，尤其是如果自恋与倒影相结合。不过在玛蒂娜身上不存在自恋这种问题，更确切地说，她的情况恰恰相反——她深深地厌恶自己。但她仍然非常喜欢黄水仙。虽然黄水仙不是她的家乡海地岛的本土植物，但是这些来自欧洲的花朵依然在海地盛放着。只是黄水仙那种深南瓜黄的色泽泄露了它们本来生长于另一片光照完全不同的风景之中的秘密。

玛蒂娜一直在试图掩盖自己的深色皮肤：在流亡纽约期间，她买了美白霜来让自己的皮肤颜色看起来浅一点。但是白色的外表无法赶走内心的黑暗：每到晚上，过去的一切就又会追随而来。在她的噩梦里，那个强暴了童年的自己还导致自己生了一个孩子的强奸犯又回来了。她一次又一次地提醒女儿索菲那些她自己曾经历过的暴行。除了把这种创伤转述给她的女儿，并让她的女儿同样遭受了一番她自己在被强奸之前曾必须经历过的那些惨无人道的割礼以外，她别无他法。这种恶性循环让女人们遭受着各自不同的痛苦，并且让她们不可改变地彼此联系在一起，而下一个孩子——同样是一个女孩儿——的诞生，终于打破了这个恶性循环。

人类不是树木，女人也无法扎根，可是她们不仅在一片特殊的土地上生长得枝繁叶茂，还能够去适应新的环境并且花开似锦。这些女人像地下的根茎一般从海地的克洛斯罗塞斯延伸到纽约，又回到她们的村庄。在加勒比的土地上，她们比这些法国黄水仙更加历久弥坚。

"*Narcissus*" 源自希腊语 "*narkán*"（意为发呆）。

《花园植物》第 37 期（1888）。

皮埃尔·扎科内：《新式花语》。

☆埃德温奇·丹蒂卡特（Edwidge Danticat）：《呼吸，眼睛，记忆》。

☆奥维德：《变形记》，第三卷，第 341 页及其后。

# 大丽花 Dahlia

Dahlia / *Dahlie*

**属**：大丽花属 *Dahlia*
**科**：菊科 Korbblütler（*Asteraceae*）

多雌蕊，花药败育。

《智慧的园丁口袋书》，第 708 页。

新鲜。

伊尔德雷（Ildrewe），第 55 页。

黑色大丽花伊丽莎白·肖特是不是女同性恋？这个问题把几位警察快要逼疯了。可以确定的是，曾有人见到过她几次出入几家著名的女同性恋夜店，不过她到底是去发生性关系还是想去傍上一个有钱的女老板呢？在这个充满巨星与新人的世界里，这两种可能性之间也没有什么明确的区别了，尤其是这位雄心勃勃的年轻女演员还曾拍过三级片以求出名。

李·布朗查德和巴奇·布雷彻特绝不是兄弟俩，而是同一块警徽的两面。两位警察都是拳击手，外号"火先生"与"冰先生"，二人与曾经的黑帮老大的情妇凯·雷克组成了一个完美的三角。随着对伊丽莎白谋杀案的调查不断深入，这个三人小组的平衡被打破了。李的妹妹曾被人残忍杀害，所以他对这个案件极为投入，以至于他与凯脆弱的恋情岌岌可危，而二人的恋情本就是建立在一场骗局之上。而李死后，牙齿不整齐的巴奇才能和凯共享二人世界。但是在幸福大结局到来之前还得查出到底谁是谋害大丽花的凶手。已经知道的是，神秘的玛德琳和她臭名昭著的家庭一定与此有关，但是这一切比想象中要复杂得多。

以前侦探电影中的花都还是蓝色的，那个时候的凶杀案也简单得多。在《蓝色大丽花》的案件中，即使所有人都以为约翰尼·莫里森是杀死他出轨且酗酒的妻子海伦的凶手，这也未免太简单了。谁杀了蓝色大丽花？您亲自看看电影就知道了。

"Dahlia"（大丽花）一词是以瑞典植物学家安德斯·达尔（Anders Dahl，1751—1789）的名字命名的。

《智慧的园丁口袋书》。

米斯·伊尔德雷（Miss Ildrewe）：《花语》。

☆詹姆斯·埃尔罗伊（James Ellroy）：《黑色大丽花》。

☆电影《黑色大丽花》。

☆电影《蓝色大丽花》。

# 蒲公英 Dandelion

Pissenlit / *Löwenzahn*

**属**：蒲公英属 *Taraxacum*
**科**：菊科 Korbblütler（*Asteraceae*）

小花冠由软刺状鳞苞片组成。

科赫（Koch），第 51 页。

预言。

德拉图夫人，第 14 页。

众所周知，蒲公英可以实现愿望。只需要闭上双眼，使劲想着自己的愿望，然后将白色的小伞兵吹走就行了。这样花朵接收到的愿望就会被释放出来，就能实现了。

观众们无从得知小乔伊用蒲公英许了什么愿望。不过我们可以猜到，他的愿望是回到他的养父母杰克和莫莉身边。一开始小乔伊很喜欢和他的亲生父母瑞普以及温蒂在俄亥俄州一起生活。盖一栋树屋，再配上滑轮来拿树下的食物，还有可以荡秋千的绳索，这些终究会让人觉得一切似乎都很快乐。一时间，佛罗里达的养父母家那艘等着儿子去掌舵的小船似乎也被遗忘了。但是养父母最终还是知道了，小男孩想要的和害怕的是什么：在家不用淋浴，而是可以泡澡。瑞普作为一个普通工人是无法体会到这些细腻与敏感的，他只是表面上戒了酒、不再暴力，可是他还是对他的小儿子动了粗。他忍受不了儿子不听话。

最后，乔伊又开心地跟杰克和莫莉一起去划船了，这似乎证明蒲公英的确是有魔法的。但是，决定家庭关系的既不是亲生母亲无私的放手，也不是小孩子自己的愿望。更确切地说，小男孩最终是待在符合美国故事片逻辑的那个爸爸身边的：爸爸是教会自己打棒球的人。

"*Taraxacum*" 源自阿拉伯语 "*tarak*"（意为让）以及 "*ṣaḥḥa*"（意为排尿）。

威廉·丹尼尔·约瑟夫·科赫（Wilhelm Daniel Joseph Koch）：《德国与瑞士植物口袋书》。

夏洛特·德拉图夫人：《花的语言》。

☆电影《蒲公英的灰尘》。

# 犬蔷薇 Églantine

Hundsrose / *Dog Rose*

种：犬蔷薇 *Rosa canina*
属：蔷薇属 *Rosa*
科：蔷薇科 Rosengewächse（*Rosaceae*）

犬蔷薇的果实叫作蔷薇果，蔷薇果常被切开后去除种子，晒干并煮熟食用。

哈尔蒂希（Hartig），第 178 页。

诗意。

《花的字母》，无页码。

对嗜睡的方丹格来说，埃格朗蒂纳（Eglantine）一开始就是一种噪声。他慢慢地从睡神的臂弯中醒过来，而这位年轻的小女佣正在他的卧室里到处溜达，一会儿拿起这个东西，一会儿又拿起另一件衣服。很快，这清晨的考察声就让年老的方丹格觉得特别可爱，以至于他会故意埋下诱饵，好让自己能在卧室里多听听埃格朗蒂纳的小噪声。

而在方丹格位于巴黎市中心的房子里，他们的角色就换了过来：在乡下住的时候，埃格朗蒂纳会看着她的贵族老爷醒来，而现在是方丹格会在夜晚看着她睡觉。这几乎就要露馅了，因为他通常戴在扣眼上的山茶花（见山茶花）现在却掉在她的附近。不过好像她本来就知道他会在夜里来看她。直到方丹格为了救埃格朗蒂纳而为她输血，他对她的关心才暴露出来。但是一开始，埃格朗蒂纳的注意力都在富有的银行家摩西身上，摩西也比她年长很多。埃格朗蒂纳曾在摩西差点摔倒的时候扶住了他，而作为回报他送给她许多珍贵的首饰，并且总是请她去那些最昂贵的饭店吃饭。有那么一段时间，矮矮胖胖的摩西都不关心他的脾脏了，只在乎他每天同一个时间打电话给埃格朗蒂纳的时候，电话线另一头的她有没有及时接起电话。但是摩西要出差去君士坦丁堡，这种联系就中断了，埃格朗蒂纳又回到了方丹格的身边，方丹格就又可以恭敬谦和地摆上自己的沙拉了。

这个不喜欢年轻男士的埃格朗蒂纳是谁呢？20 岁的年纪却这么不合时宜？下雨的时候她喜欢到户外去，像一朵牵牛花一般让雨浸湿自己的头发。但是打电话的时候得完全干透才行，不然会被雷劈到。埃格朗蒂纳是灵魂，是爱神的新娘，但是方丹格和摩西却不是神明。埃格朗蒂纳是镜子，一面能让两位老人重返年轻的镜子。埃格朗蒂纳是一个不能书写、不能阅读也不能说话的媒介，而其本身就是内容。

"*Rosa canina*" 源自拉丁语 "*rosa*"（意为玫瑰、蔷薇）以及 "*canis*"（意为狗）。

格奥尔格·路德维希·哈尔蒂希（Georg Ludwig Hartig）：《森林管理员教材》。

《按字母顺序排列的青少年花朵插图读本》。

☆让·季洛杜（Jean Giraudoux）：《埃格朗蒂纳》。

# 冰花 Eisblume

Ice Flower / *Cristal de Glace*

种：冰花 *Flos glacialis*
科：女诗人科 Dichterinnengewächse（*Poetaceae*）

她无须长根便能生于坚如磐石、寸草不生的土地上；别的花都不开的时候她盛放着，而别的花快开的时候她却不再开放。她从空气中吸收养分；但人们不能为她浇水，因为世界上没有任何一朵花的身躯像她一般柔弱。她的美丽愉悦了人们的目光，但没有人能爱她爱得长久。

《谜》，第 32 页。

中间地带。

莱辛，第 159 页。

1927 年 1 月 1 日，瓦尔特·本雅明在他莫斯科的床上躺了很久。除夕就像一场各种感觉的冷热交替浴。他在这里与阿斯娅·拉西斯共度的那些时光耗费了他大量的精力。直到昨天下午他才有了真实的感觉，似乎所有的生命都从他们的关系之中消失了。就算是他拿给她的蛋糕都无法让她的心情好起来。日落的时候，她连旧的一年的最后一个吻都不肯给他。

所以除了和伯恩哈德·赖希大吃一顿他也没什么别的可做了。波尔图葡萄酒、哈尔瓦酥糖、鲑鱼还有香肠，这些食物直到新年的第一天还满满地塞在他的胃里没有消化。半睡半醒中，他回想起了大约三年前在卡普里认识阿斯娅的情景。当时她想买扁桃，但是却不知道扁桃用意大利语怎么说。他替她做了翻译，但是当他殷勤地想帮阿斯娅把东西拿回家的时候，东西却从他笨拙的手上滑了下去。他多希望自己不要这么笨手笨脚的！而现在在苏联，没有阿斯娅和伯恩哈德的帮助，瓦尔特根本无法与人交流。

和西里尔字母相比，他对花的符号熟悉多了。他很想写写莫斯科的花。长茎的圣诞蔷薇是一定会被写到的，但是他还可以多写写其他假的花，莫斯科简直可以说是长满了这些假花：漂亮的蛋糕上的糖花，中国的纸花（见纸花），还有甚至是做得像花一般的灯罩。但是让他印象最为深刻的还是在莫斯科的冰天雪地里开放的那些精细的冰花。如果他像农村妇女把冰花绣进刺绣那样把冰花用语言翻译出来，或许他就能融化掉他和他的拉脱维亚女友之间的寒冰了。

"*Flos glacialis*" 源自拉丁语 "*flos*"（意为花）以及 "*glacialis*"（意为冰的）。

《谜》。

特奥多尔·莱辛（Theodor Lessing）：《花》。

☆瓦尔特·本雅明：《莫斯科日记》。

# 彼岸花 Equinox Flower

Lycoris / *Spinnenlilie*

**属**：石蒜属 *Lycoris*
**科**：石蒜科 Amaryllisgewächse（*Amaryllidaceae*）

花序为多花的伞形花序。

诺伊曼（Neumann），第 34 页。

骄傲。

德拉图夫人，第 280 页。

从她进家门，也就是她在电影中出场的方式，我们就能看出来了：有马稻子会带来骚动的。她在前厅脱鞋的时候——要穿着袜子才能进入她那传统的家中——她以自己为中心优美地转了一圈。和她旋转着进入家中一样，她要离开家时走到门口也同样转了一圈。

外面世界的规则与她的爸爸平山涉从小到大所熟悉的那些规则已经完全不同了。当年，爸爸与妈妈清子的婚姻是由父母包办的，但是对这两个女儿节子和久子来说，不能自己挑选意中人简直是无法想象的事情。一开始，这种习俗上的变迁似乎不会带来矛盾，平山涉常常会被朋友和同事们叫去处理家庭纠纷，因为他在做决断时总能权衡双方。但是他自己的女儿却挑战了他所谓的进步观点：她不仅自己挑了丈夫，这位女婿还在没有事先预告的情况下在他面前求婚了。这可够让固执的平山涉消化一会儿了。

在小津安二郎的第一部彩色电影中，一切都处于变化的转折点：夏天还没过去，秋天还没开始。旧秩序与新秩序的冲突还没有公开爆发，但是内部已经蠢蠢欲动了。尽管宣扬着解放，但是节子还是希望得到爸爸的祝福，因为没有爸爸的祝福自己的婚姻无法长久。而正如平山涉常常骗自己的大女儿所说的那样，他不是那么因循守旧的人：如果别人问他的想法，他总是代表着进步的观点，比如说年轻女孩根本不用结婚。电影名字中的这种花象征着忧郁的中间状态，这种花在电影中出现了不止一次。电影中始终能看到她红色的身影：无论是腰带、玫瑰（见美国丽人）还是茶壶。

"Lycoris"（彼岸花）一词是以公元前 1 世纪的罗马女演员莱克丽丝（Lycoris）的名字命名的，她是马可·安东尼的情妇，是一位被释放的女奴。

费尔迪南·诺伊曼（Ferdinand Neumann）：《石蒜科及其每个物种名字的同义词》。

夏洛特·德拉图夫人：《花的语言》。

☆电影《彼岸花》。

# 石南 Erika

Heather / *Bruyère*

属：欧石南属 *Erica*
科：杜鹃花科 Heidekrautgewächse（*Ericaceae*）

花药有芒，花朵呈卵形，雌蕊包裹于花朵内，叶片有四排锯齿，花序顶生。

霍佩（Hoppe），第 85 页。

独自漫游，便想起你。

冯·德·奥厄（von der Aue），第 60 页。

安妮卡（Annika）、詹妮弗（Jennifer）和劳拉（Laura）——这些女学生里没有一人能引起生物老师英格·洛马克的兴趣。她们又如何能引起别人的兴趣呢？劳拉又不是头戴月桂花环的女神，或许这个名字只是因为她来自劳伦图姆（Laurentum，桂花之城），那样的话彼特拉克还可以研究一下民间词源。如果詹妮弗的姓是朱尼珀（Juniper，刺柏），那么至少她的身上还有一些与大自然有关的东西，可是现在她的名字听起来就只是很普通而已。还有一位小安妮卡，无论她各个方面有多好，都无法让人很快联想到花朵。

但对于这位来自气候恶劣的前波莫瑞州的生物老师来说，石南，杜鹃花科，很符合她那已经枯萎了的内心世界。她的丈夫是位只醉心于鸵鸟饲养的人。既然文献中已经规定了名字的叫法，那么这种植物就只能被叫作石南，代表着禁忌的欲望。术语表的规则既提供了依据又创造了秩序，而在这种秩序之下，只有做到枝繁叶茂才能存活下去。生物学教给我们的就是如此。

而植物甚至不用说话就能互相交流，而且它们没有感情。或许自然的确是优于我们人类的。有时候的确会有一些感性的东西在英格的脑海中慢慢流淌。教师节要送芍药花（见芍药）的习俗早就已经是过去式了，现在只送沙生蜡菊和欧蓍草。英格对稚气的石南所怀有的那种柔软情愫也不过是冬天到来前的最后一缕微风。但花朵们不会变。它们比我们出现得更早，也会比我们活得更久。

"Erica" 源自拉丁语 "erice"（意为石南）。

大卫·海因里希·霍佩（David Heinrich Hoppe）：《1800 年版给植物学和医药学初学者的植物学袖珍书》。

阿尔弗雷德·冯·德·奥厄（Alfred von der Aue）：《最新精选花语》。

☆尤迪特·沙朗斯基（Judith Schalansky）：《长颈鹿的脖子》。

# 月见草 Evening Primrose

Oenothère / *Nachtkerze*

**属**：月见草属 *Oenothera*
**科**：柳叶菜科 Nachtkerzengewächse（*Onagraceae*）

*花朵较大，黄色；有四片心形的平整的叶子；花朵生于偏僻处，牢固地生于长形的子房之上，无梗支撑。*

德里恩（Dörrien），第 160-161 页。

*无声的爱。*

英格拉姆，第 183 页。

莫里斯·霍尔不喜欢花。他对车窗外看到的那些生在路边的犬蔷薇（见犬蔷薇）不感兴趣。但是这些花却让他十分烦躁：这些花中没有一枝是完美的。这一枝被咬坏了，那一枝长歪了，而另一枝又长了虫子。这无力的大自然就不能创造出哪怕只有一样完美的东西吗？

就在这个想法闪过他的脑海的那一瞬间，在这片蔷薇果丛中出现了一双棕色的眼睛：是亚历克·斯卡德，彭杰的猎场看守。他肯定是跟着主人的马车一路跑过来，就为了最后再看莫里斯一眼。但是为什么呢？莫里斯没有时间细想，他完全沉浸在自己的世界里。克里夫·德拉姆，这个莫里斯第一次如此深爱的男人，却结婚了，还建议他的朋友忘掉他对其他男人的感情去娶一个女人。莫里斯绝望地想要改变自己，可是没人清楚地知道要怎么做才能帮到这个年轻人。家庭医生巴里已经退休很久了，无法解决这连名字都不能提的爱情。最新出版的专业文献全都是德语的，这让整件事情变得更加扑朔迷离。对莫里斯来说，就连曾经治愈过几例同性恋病人的催眠师拉斯克·琼斯都无能为力。

终究只有亚历克能帮莫里斯了，他与之前那位精神恋爱的恋人克里夫不同，亚历克只是单纯地爱着莫里斯，不问明天。从让莫里斯的生活彻底发生改变那一夜开始，留下的就不再只有这香味宜人、染黄了他深色头发的月见草的花粉了。

"*Oenothère*" 意为抓驴的人或寻找葡萄酒的人，源自希腊语 "*ónos*"（意为驴）或 "*oínos*"（意为葡萄酒）以及 "*théra*"（意为抓捕或寻找）。

凯瑟琳娜·海伦·德里 恩（Catharina Helena Dörrien）:《奥伦治-拿骚王朝野生植物目录及描述》。

约翰·英格拉姆:《花语》。

☆爱德华·摩根·福斯特（Edward Morgan Forster）:《莫里斯》。

# 勿忘我 Forget-me-not

Ne-m'oublie-pas / *Vergissmeinnicht*

属：勿忘我属 *Myosotis*
科：紫草科 Boretschgewächse（*Boraginaceae*）

总状花序，无托叶；花萼闭合；果柄突出；叶形尖长，披针形，叶脉三条，不清晰；花萼较果柄短；花冠边缘平坦，较筒部长。

科赫（Koch），第 293–294 页。

记住我。

德拉图夫人，第 54 页。

　　斯考蒂·费古森看到窗台上粉红色的康乃馨（见康乃馨）会头晕，一点儿也不奇怪。毕竟圆形的小花与外面楼房的直线之间的对比实在是太让人头晕了，感觉马上就要把这位曾经的警官给拉下去了。自从他还是警官时目睹了一位同事在旧金山从高楼间的缝隙掉下去以后，他就得了恐高症。

　　斯考蒂只能辞职，所以犹豫了一阵之后他接受了加文·艾斯特的委托，跟踪加文的太太玛伦。当斯考蒂看到她在多罗雷天主堂黄色的美人蕉以及明亮的血红小檗之间徘徊的时候，他就已经知道她有自杀的想法了。他接下去的调查将他引入了一个充满花朵与镜子的世界，在这个世界里只是看一眼也会让人头晕目眩：厄尼餐厅里亮红色的花朵图案和大量的花束还没消化掉，下一个镜头我们已经到了波德斯塔·巴尔多基的花店里，看见玛伦穿着她的灰色套裙站在一片粉色、黄色和红色的海洋里。她买了一小束粉色的玫瑰（见百叶蔷薇）和勿忘我，这束花和荣誉军官宫殿的画像中她那所谓的祖母夏洛塔·威德兹手中拿着的花束一模一样。然后她在旧金山湾把这些花一一扔进海里后跳海自杀，斯考蒂救了她，但是后来她假装要从钟塔上跳下来时，斯考蒂却因为恐高而无法阻拦她。

　　但是真正的玛伦并不是她所扮演的这位，她以一头棕发的朱迪·巴顿的样子又出现在了花店的面前。斯考蒂做尽了一切，只为留下玛伦归来的亡魂。然而即便他在她的衣领别上了一朵卡特兰（见卡特兰），他也无法阻止恋人又一次死去：这次重逢也只会是一场空盼。

"*Myosotis*" 意为鼠耳，源自希腊语 "*mỹs*"（意为老鼠）以及 "*oûs*"（意为耳朵）。

约翰·弗雷德里希·威廉·科赫（Johann Friedrich Wilhelm Koch）：《德国植物学爱好者、园艺爱好者、药剂师、农业家及林业工作者的植物学自学手册》。

夏洛特·德拉图夫人：《花的语言》。

☆电影《迷魂记》。

# 缅栀花 Frangipani

Frangipanier / *Plumerie*

**属**：鸡蛋花属 *Plumeria*
**科**：夹竹桃科 Hundsgiftgewächse（*Apocynaceae*）

这种花的香味十分宜人，这种花香超越本人所了解的所有花的香味。

施普伦格尔（Sprengel），第 139 页。

仁慈。

采齐莉，第 117 页。

名字是符号。即使安托瓦内特·科斯韦不断地跟她的丈夫念着自己真实的名字，他还是坚持叫她伯莎·梅森。所以在她的真实故事为人所知之前，无论是在冰冷的英国——她被称作阁楼里的疯女人，还是在官方文学史上——几百年来她被看作发疯的加勒比地区女性的化身，她都被叫作伯莎·梅森。

一切的开始是有一天她妈妈安妮特的马被发现毒死在缅栀花树下。很显然，人们不想在牙买加的库利布里庄园里再看到这个年轻的克里奥尔寡妇和她的两个孩子了。理查·梅森的到来帮了这个家庭的忙，他娶了安妮特，他的财产能为她女儿安托瓦内特的未来提供一个保障。餐桌上的异味蔷薇（见异味蔷薇）预兆了一种西式的生活方式。但是安托瓦内特的英国新郎只是看中了她的财产。他一开始的性欲很快就变成了机械式的履行义务，其中还掺杂了越来越多的对陌生的恐惧。对他来说，牙买加的山太高，花也太红了。破晓时分从河边升起的月光花（见月光花）那浓郁的香味让他头晕。他不能理解的，都要破坏掉，比如新婚之夜用来装饰婚床的缅栀花花环：他把花环扔到了地上，还踩了上去。女佣把花摘下来，花香可以驱赶蟑螂。

可是人们无法简简单单地就让一位妻子凭空消失。新郎把她强行带回了家乡，把她锁在了阁楼里。俗话说，在英国严寒会在窗上画下冰花（见冰花），但是安托瓦内特的阁楼里没有窗户。

"Frangipani"（缅栀花）一词是以意大利植物学家穆蒂奥·弗兰吉帕尼（Mutio Frangipani）的名字命名的，他的后裔在路易十四时期以缅栀花为基础设计出了一种香水。

"Plumeria"（鸡蛋花属）一词是为了纪念法国植物学家查尔斯·帕鲁密尔（Charles Plumier, 1646—1704）。

克里斯蒂安·康拉德·施普伦格尔（Christian Konrad Sprengel）:《自然揭秘：花朵构造及受精》。

采齐莉:《装饰磨工与绣花女工花语字典》。

☆简·里斯（Jean Rhys）:《藻海无边》。

# 栀子花 Gardenia

Gardénia / *Gardenie*

属：栀子属 *Gardenia*
科：茜草科 Rötegewächse（*Rubiaceae*）

树形较小，似橙子树，叶片呈卵形，叶端呈尖状。花瓣洁白，有单瓣或重瓣，夏季盛开；香味非常宜人。

兰多（Randow），第 121 页。

精美。

英格拉姆，第 349 页。

在这部黑色电影中，所有的花都是蓝色的，但这和浪漫可没有什么关系。钱，一个好故事或者只是性，电影中的克丽丝特尔们和凯西们并没有想要得到更多。谁和别人不一样，就会很容易被认为是女凶手。

诺拉·拉金已经为自己的生日晚餐做好了一切准备——香槟、烤箱里的烤肉（虽然很小），还有烛光。但是这封男友从朝鲜战场寄来的期待已久的信却突然改变了一切。男友并没有像她那样依然忠于这份爱情，而是爱上了一位名叫天使的日本护士。诺拉没有那么多时间来伤心：她在大声地读信里的最后几句时，电话响了。哈利·普雷布的爱从电话那边传来，邀请她到蓝色栀子花饭店共进晚餐。这个时候谁还在乎其实本来邀请的就不是她呢。

纳特·金·科尔在唱电影的主题曲时，诺拉一杯又一杯地喝着名为波利尼西亚采珠人的酒，哈利的盘算似乎进展得很顺利：这位金发女郎可以到手了。但是诺拉没有顺从。第二天早上她宿醉头痛醒来，脑袋一片空白，陪伴她的只剩下对一面被打破的镜子的模糊记忆，还有《纪事报》上关于哈利死亡的头版头条。她是在紧急防卫的时候失手用拨火棍把他打死了吗？难道她自己就是那个现在全城搜捕的蓝色栀子花？

明星记者凯西·梅奥必须得在下一次出差前赶紧解决这个案子：下次氢弹爆炸的第一排的位置还在等着他呢。但是似乎在洛杉矶这里也到处都是过氧化氢爆炸过后的痕迹：至少这里寻找的不是黑头发的蛇蝎美女。太好了，不管怎么说，要找的这位的脚长得比较小，不然连这个恋物癖也要消失了。凯西与这位花之女郎通过两次电话而且见过两次面，才确认诺拉并不是那朵致命的栀子花。因为并不是这朵充满异域风情的栀子花，而是拥有着米勒这个平凡姓氏的令人舒适惬意的玫瑰花（见美国丽人）杀掉了花花公子哈利。凶手是卖唱片的女售货员，而不是百灵鸟（此处借指女主角的姓氏 Larkin，"Lark"意为百灵鸟。——译者注）。

"Gardenia"（栀子花）一词是以一位来自英国阿伯丁的医生亚历山大·加登（Alexander Garden, 1730—1791）的名字命名的。

R. 冯·兰多（R. von Randow）：《室内园艺师最美植物挑选方法及其最适当的养育方法指导手册》。

约翰·英格拉姆：《花语》。

☆电影《蓝色栀子花》。

# 幽灵兰花 Ghost Orchid

Orchidée Fantôme / *Amerikanische Geisterorchidee*

种：鬼兰 *Dendrophylax lindenii*
属：抱树兰属 *Dendrophylax*
科：兰科 Orchideengewächse（*Orchidaceae*）

细茎长有突起，无叶。

恩格勒（Engler），第 208 页。

思维灵巧。

内布拉斯加，第 77 页。

狂兰症指的是病人脑子里想的全都只有兰花（见兰花）这唯一一件事。在植物博览会的花盆之间、兰花竞赛的看台上以及佛罗里达州深及膝盖的红树沼泽里都经常能见到这些花朵的瘾君子。他们在寻找特别稀有的品种，比如说幽灵兰花，这是一种没有叶子的兰花，迄今为止还未曾有人在佛罗里达大沼泽地之外培育出这种兰花。

一开始对于来自纽约的记者苏珊·奥尔琳来说这个兰花痴迷者的世界是非常陌生的。对于约翰·拉罗歇——三十多岁，又瘦又笨，没有门牙——这样的人来说，为了花而去犯案有什么好处呢？是寄希望于迅速发家致富还是因为这种植物带有色情元素呢——花的名字来自希腊语中的睾丸？在她以为自己还在相当冷静地分析这些问题时，她已经不知不觉越来越深地陷进了兰花的奇妙世界中。

她的调查慢慢地变成了一种自我体验。从好奇变成嫉妒，从希望自己也能亲眼看一次幽灵兰花的开放变成执着的想法。奥尔琳坚定地想要认识一下这个让兰花爱好者们趋之若鹜的幽灵兰花。但是对她来说这早就不再是关乎花朵本身了：她想要知道，将一生献给唯一的、真正的热爱与痴迷是一种什么样的感觉。而这被称为生活的混乱的一切或许也会变得有意义。

"*Dendrophylax*" 源自希腊语 "*déndron*"（意为树木）以及 "*phýlax*"（意为守门人）。

阿道夫·恩格勒（Adolf Engler）：《自然界中的植物家族》。

利兹·内布拉斯加：《意义丰富的花环》。

☆苏珊·奥尔琳（Susan Orlean）：《兰花窃贼》。

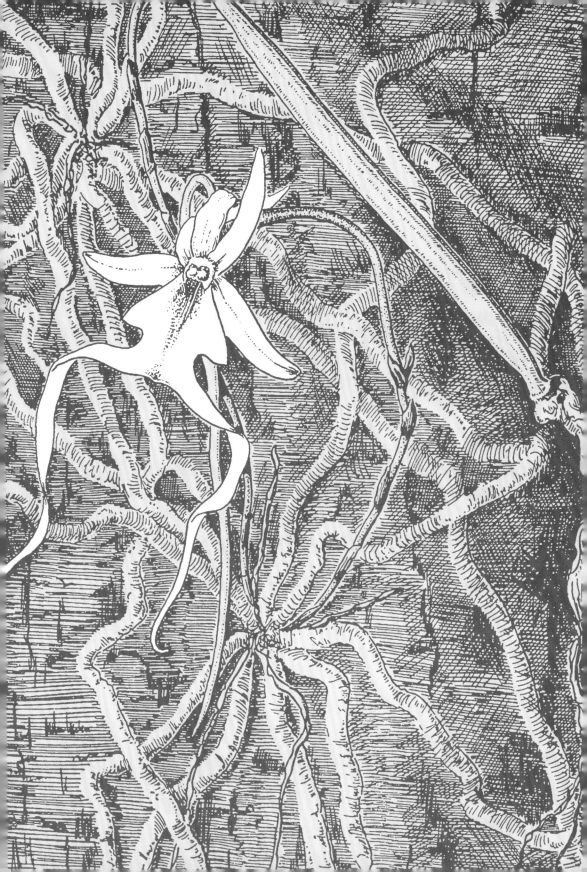

# 欧榛 Hazel

Noisetier / *Gemeine Hasel*

> 种：欧榛 *Corylus avellana*
> 属：榛属 *Corylus*
> 科：桦木科 Birkengewächse（*Betulaceae*）

> 雌花通常生于雄花下方，生于同一根枝条上，5 朵、8 朵或更多朵雌花包于高高隆起的花芽内，每朵花内有两个鲜红色的雌蕊，似康乃馨般从花芽上部露出，柱头弯曲。
>
> 克雷布斯（Krebs），第 86 页。

> 祝福。
>
> 西曼斯基，第 193 页。

人们可以在喜爱花朵的同时又理解其授粉方式吗？一旦理智与知识开始起作用，生机勃勃的美不就变成僵死的知识了吗？高贵的赫麦妮·罗迪斯就是这样认为的，当时她正在厄休拉·布朗温的教室里观察当天的课程内容杨花。学生们早就已经回家了，但是刚刚结束的生物课的辩论让两位女士以及夹在二人中间的卢伯特·伯金都留了下来。

厄休拉很惊讶，人们怎么能想到故意不让别人知道生命的本质呢。卢伯特赞同她的想法，建议她让学生们把欧榛的雌花和雄花涂成不同的颜色，这样一来，花朵的授粉过程就可以做到尽可能的清晰明了。但是赫麦妮却对这种理智的观察方法提出了疑问：如果我们只是用理智来观察生命，不就是让生命失去了生气吗？

但是无论赫麦妮的问题多么有理有据，这都既不是针对厄休拉的授课方式，也不是她的真实想法。因为这场对话早就已经不再是关于欧榛的授粉过程了，而且也不是为学生们着想。此时此刻，爆发的是两个女人围绕卢伯特的战争，卢伯特会离开冷静、克制的赫麦妮，来到热情的厄休拉身边。这是一个关于知识以及性权力的决定，此外也是一个试图达到肉欲与超越身体的爱情合二为一的状态的尝试。

"*Corylus*"源自拉丁语"*corylus*"或"*corulus*"（意为欧榛）。

F.L. 克雷布斯（F.L. Krebs）：《德国中部及北部地区野生树种的完整描述及插图》。

约翰·丹尼尔·西曼斯基：《花之语》。

☆戴维·赫伯特·劳伦斯（David Herbert Lawrence）：《恋爱中的女人》。

# 天芥菜 Heliotrop

Heliotrope / *Héliotrope*

**属**：天芥菜属 *Heliotropium*
**科**：紫草科 Boretschgewächse（*Boraginaceae*）

花朵白色或淡紫色，呈漏斗状；花筒绿色，有茸毛；边缘五裂，末端圆钝，常有
小齿；喉部折叠，果卵圆形，有褶皱，粗糙，覆有茸毛。

《罗林的德国植物志》，第 38 页。

忠诚奉献。

肖伯尔（Shoberl），第 192 页。

"这儿是我待的好地方。我觉得楼下花坛上日冕四周的天芥菜比梅托更
可爱。"与蔚蓝海岸相比，艾菲·布里斯特无论如何都更喜欢父母在勃兰登
堡的城堡。在旅行的途中要应付车夫、服务员还有其他的烦心事，但是在霍
恩克莱门村的家里，什么窝囊气都不用受。这位年轻的姑娘回到了父母身
边，就好像什么都没有发生过一样，就好像她从未成为过新娘，也从未被赶
出夫家。如同旧时代的遗风般严厉的丈夫离她很远，大城市柏林以及那五彩
斑斓的喧闹生活也同样不会打扰到乡下的安逸生活。

然而，从那年仲夏殷士台顿男爵向艾菲求婚的那一天起，她的命运就已
经发生了彻底的改变。这个需要新鲜空气的女孩越发地喜欢待在户外。然而
这也不能让她更自在地呼吸。她的年少轻狂被扼杀了，即使是在这里，社会
的期待也过于沉重地压在了她的胸口。

就像天芥菜在白天里会不断追随着日光，但是到了晚上又会回到起点，
这位年轻的姑娘也回来了。但是艾菲既不是花朵也不是居于山林水泽的美丽
仙女，她的目光没有追随着心上人。那个种着天芥菜、中间有一个日冕的圆
形花坛一度是花园中的装饰，现在却成为她的坟墓。

"*Heliotropium*"源自
希腊语"*hélios*"（意为太阳）
以及"*tropein*"（意为旋转、
翻转）。

《罗林的德国植物志》。

弗雷德里克·肖伯尔
（Frederic Shoberl）:《花语，
附有说明性诗歌》。

☆特奥多尔·冯塔纳
（Theodor Fontane）:《艾
菲·布里斯特》。

☆奥维德:《变形记》，
第四卷，第 206 页及其后。

# 木槿 Hibiscus

Mauve en arbre / *Stundenblume*

属：木槿属 *Hibiscus*
科：锦葵科 Malvengewächse（*Malvaceae*）

子叶折叠，幼根弯曲。

史密斯（Smith），第 133 页。

你的美是徒劳。

伊尔德雷，第 155 页。

如果康比丽的妈妈比阿特丽斯在擦客厅里的陶瓷娃娃，女儿康比丽就知道前一天晚上爸爸肯定又家暴了。虔诚、慷慨的父亲尤金·阿西科在家外面被看作当地的支柱，但是不知从何时起，即使是家里每年都会换的装饰也无法掩盖自己家中看起来不一样了：一切都在分崩离析，缓慢，却从未停止。

虽然以前的那些戒律依然有效：康比丽和哥哥扎扎每年只能在圣诞节的时候去看望爷爷一次，而且最多待 15 分钟，因为爷爷没有皈依天主教，而是宁愿到死都追随自己的信仰。如果兄妹俩在这位异教徒的家里待太久，那忏悔的时候就得多忏悔一项罪孽。当国内政治环境发生变化并且尤金办的报纸的主编死于一场军事政变的时候，尤金严酷的统治开始出现了缝隙。但是更重要的是他自己的家中开始发生瓦解。康比丽和扎扎的姑妈伊菲欧玛是国立大学的一位讲师，他们从她那里知道了，即使家中很少有牛奶，甚至经常没有水冲马桶的时候，人们也有权利放声大笑。年轻又英俊的阿玛迪神父是家中的常客，他为天主教的教堂增添了一个温和、包容的面孔，也第一次燃起了康比丽对爱情的渴望。但是暴力的父亲尤金的禁令一直延续到他被谋杀才得以解除，比阿特丽斯定期在他最爱的茶里混入了比例恰到好处的毒药，最终杀死了他。

伊菲欧玛的庭院中紫得几乎发蓝的木槿花已经预示了过渡与变革的时代的到来。而在此期间康比丽家的院子里一棵罕见的紫木槿也开出了鲜花，开在九重葛以及缅栀花（见缅栀花）的旁边。

"*Hibiscus*" 源自希腊语 "*ibiskos*"（意为蜀葵）。

西尔·詹姆斯·爱德华·史密斯（Sir James Edward Smith）：《植物学语法的人工及自然分类阐释》。

米斯·伊尔德雷：《花语》。

☆奇玛曼达·恩戈齐·阿迪奇埃（Chimamanda Ngozi Adichie）：《紫木槿》。

# 忍冬 Honeysuckle

Chèvrefeuille / *Geißblatt*

属：忍冬属 *Lonicera*
科：忍冬科 Geißblattgewächse（*Caprifoliaceae*）

这种藤蔓植物全都向左缠绕，但也会发现因为模仿其所攀缘的植物而向右缠绕的
植株。

冯·格梅林（von Gmelin），第 84 页。

爱的束缚。

沃特曼（Waterman），第 102 页。

忍冬有罪。"昆丁·康普生 / 沉入了忍冬的芳香怀抱之中 / 1891—1910"。
一位来自美国南方的年轻人在冰冷的剑桥自杀了，这是写在他墓碑上的几句
话。这种墓碑是为数不多的几个虚构出来的人物才能享受的荣誉。可是谁又
能说自己是死于一朵花的香味呢？

1910 年 6 月 2 日，是昆丁短暂一生中的最后一日，他没有去哈佛上课。
尽管他早晨做的第一件事，就是把父亲送的那只表的指针全扭断，把表盖敲
破，可他却依旧能听见表的嘀嗒声。表的发条还在运转着，时间还在表盘上
嘀嗒嘀嗒地流逝不息。伴着这样的节奏，昆丁的思绪又沉浸在了过去：他的
思绪一次又一次地回到密西西比的杰弗生镇，回到他最爱的妹妹坎迪斯（昵
称凯蒂）那里。就像他曾经所想象的一样，凯蒂爱的应当是他，而不是委身
于那些数不清的围绕在她身边的男人。但是他父亲不会相信，他自己唯一的
儿子和他的女儿乱伦了。昆丁多么希望事情就像他想的这样，那样他就能和
凯蒂一起逃走了。而事实却是凯蒂要嫁给赫伯特·汉德，这样她才能给自己
肚子里的孩子找个父亲。

在新英格兰北部，只生长着一些匍匐植物或攀缘植物（见无名藤蔓），
而在杰弗生镇则到处盛开着忍冬。忍冬，也被叫作"越久越可爱之花"，这
些花一点点地占据了昆丁的思绪。他回想起当时，那浓郁的花香是如何融入
妹妹的肌肤和头发中，让他几乎喘不过气来。诚然昆丁只是借花朵带来的诗
意般的窒息来隐喻自己的死亡，而事实上，他选择了更为普通的死法，即溺
水而亡。赴死之前，他还重新刷了牙齿，洗净了帽子。一位至死都保持风范
的南方绅士。

*"Lonicera"* 是以德国
医生与植物学家亚当·劳
尼泽尔（Adam Lonitzer,
1528—1586）的名字命名
的。

F.G. 冯·格梅林（F.G.
von Gmelin）：《植物的缠
绕方式》。

凯瑟琳·H. 沃特曼：
《花典》。

☆威廉·福克纳（Will-
iam Faulkner）：《喧哗与骚
动》。

# 风信子 Hyacinth

Jacinthe / *Hyazinthe*

**属**：风信子属 *Hyacinthus*
**科**：风信子科 Hyazinthengewächse（*Hyacinthaceae*）

花冠呈钟形；子房有三个孔，从中会分泌花蜜。

《卡尔·弗里德里希·迪特里希的植物世界》，第387页。

坚忍不拔。

英格拉姆，第183页。

凯瑟琳·莫兰不是植物爱好者。在小时候她就专采那些不准采的花。但是对于恐怖小说她却是百看不厌。可想而知这些书会对年轻的女性读者们的想象力产生什么样的影响：在凯瑟琳的幻想世界里，到处都是昏暗的地牢、秘密的门，还有骑着马在困境中从坏人手中解救少女的英雄。

所以她在诺桑觉寺的第一晚几乎睡不着也就不令人惊讶了。这里肯定有很多这样的秘密等待发现！将军到底有没有恶毒地杀害了他的妻子？窗外那呼啸的狂风也要助上一臂之力：凯瑟琳在不安的梦中辗转反侧，不停地想着那些她在卧室那个古老的立柜里发现的手稿上到底写着什么。当她第二天早上发现这些纸并不是某位受折磨的少女留下的手稿，而只是一些无聊的列表时，可想而知她有多失望。

在早餐餐桌旁聊天的时候，她尝试着不要让人发现她前一天晚上被怎样恐怖的想象打败："多好看的风信子啊！我最近才懂得喜爱风信子。"但是这些尴尬的谈话却泄露了节制与风神之爱之间的内心冲突，因为阿波罗与仄费罗斯曾同时追求过美丽的少年雅辛托斯（Hyacinthus）。西风之神在比赛中让这位美少年死于铁饼游戏，在他死的地方长出了一朵花，被命名为风信子，与少年同名。即使看起来是仄费罗斯胜利了，但风信子也不是一种风媒花——它依靠昆虫授粉。凯瑟琳·莫兰对哥特式小说中恐怖的风的喜爱会不会也被对小蜜蜂和小花的更强烈的兴趣代替，得等到小说最后才知道了。

《卡尔·弗里德里希·迪特里希的植物世界，依据瑞典皇家骑士与医生卡尔·冯·林奈的最新自然系统编写》。

约翰·英格拉姆：《花语》。

☆简·奥斯汀（Jane Austen）：《诺桑觉寺》。

☆奥维德：《变形记》，第五卷，第162页及其后。

# 水鳖 Hydrocharis des Grenouilles

Froschbiss / *European frogbit*

**属**：水鳖属 *Hydrocharis*
**科**：水鳖科 Froschbissgewächse（*Hydrocharitaceae*）

叶柄基部长有两片较大且表皮透明的附属物，长可达 2 厘米，宽约 1 厘米，附属物边缘相接，呈漏斗状。
　　冯·基希纳等（von Kirchner / Loew / Schröter et al.），第 710-711 页。

爱的行动。
内布拉斯加，第 121 页。

在池塘最昏暗的深处居住着一种奇特的植物：水鳖。这种花朵引起了喜欢写情色作品的外科医生与游记作家菲利普·珀蒂-拉德尔的兴趣。对于像他这样一位作品中到处都是情爱的力量的作家，水鳖可以说是植物界中男性与女性愉悦结合的化身。所以珀蒂-拉德尔也不能错过这样一个详细描述水鳖授粉过程的机会：

"当授粉时刻到来而且雌花发育完成时，花茎便会悄悄地变长。到达水面后，每朵雌花就会立刻寻找一位自己喜欢的爱人。同时，雄花打开一条缝隙，而由于所有雄花都可以充分利用这种自由，所以那些尤为骄奢淫逸的雄花就会围绕在那些对它们来说闪烁着前所未有的热情光芒的雌花周围，而且甚至对那些特别娇羞忸怩的雌花它们也不忘展示自己的男性生殖力量。通过这种方式，藏在雌花中的胚芽得以孕育。受精开始后，花茎会缩短，花朵们又会重新藏到水面以下，回到它们来的地方。一种全新的力量得以全面释放，开启其独特的一生：现在，植物的胚胎在水下开始孕育。"

这些一开始被看作充满希望的性爱冒险很快就被证实只是一场传统的目的婚姻。一开始还盼望着这些水鳖的雌花能够比同时代的人类女性多享受到一些自由，然而其实它们也不过是男性欢愉的被动接受者。不过这并不是一篇向读者透露植物性爱深渊的论战文，只是在世俗婚姻的框架下宣传了一下两性结合。遗憾的是，珀蒂-拉德尔并不知道，水鳖根本就不偏爱有性婚姻，它们是无性繁殖的。

"Hydrocharis" 源自希腊语 "hydro-"（意为水）以及 "charis"（意为快乐，优美）。

奥斯卡·冯·基希纳、恩斯特·勒夫、卡尔·施勒特尔（Oskar von Kirchner / Ernst Loew / Carl Schröter）:《中欧地区显花植物的生命经历：德国、奥地利与瑞士显花植物的特殊生态学》。

利兹·内布拉斯加:《意义丰富的花环》。

☆菲利普·珀蒂-拉德尔（Philippe Petit-Radel）:《植物的婚礼》。

# 树贞兰 Isabelia virginalis

Isabelia virginalis / *Isabelia virginalis*

> 种：树贞兰 Isabelia virginalis
> 属：伊萨兰属 *Isabelia*
> 科：兰科 Orchideengewächse（*Orchidaceae*）

> 这种植物本身看起来是一团根茎状的带子紧紧地缠在一起，这些带子是由紧密排列的小鳞茎组成的。纤细的松针状的叶子主要分布在侧面，中间部分我们可以看到小小的花朵。
>
> 贝尼克（Behnick），第 5 页。

> 美女。
>
> 特纳，第 227 页。

　　若昂·巴博萨·罗德里格斯最大的梦想就是写出一部包含巴西现已发现的所有兰科植物的图集。这个图集应当能够展现出这个植物家族的丰富性、多样性以及规模。罗德里格斯确信，对于爱好者、科学家以及花朵培育师来说这本书会是一个不可或缺的工具。他对自己祖国的兰科五百多个属进行了分类并加以描述，还为其配上了插图，而且他的插图不是像遥远的欧洲学者那样基于干枯的植物标本，而是基于活着的植物所画成的。

　　一切就绪，就差资金了。罗德里格斯向政府请求资助却遭到了拒绝，理由是他的作品不值得获得公共资金的资助。即使是极受尊敬的伦敦裘园植物园主管以及印度兰花专职鉴定师约瑟夫·道尔顿·胡克对他作品的出版价值进行了鉴定也无济于事。遗憾的是，世界首屈一指的德国兰花研究专家海因里希·古斯塔夫·莱辛巴赫将自己的研究与他的图集共同出版的提议来得太迟了，因为就在几天前这位巴西学者已经同意由弗莱乌斯兄弟出版社来出版自己的图集了。而由于出版方坚持认为，对巴西兰花进行研究的作品应该在巴西出版，所以这本书最终在里约热内卢出版。

　　但是由于没有足够的资金来配上插图，在罗德里格斯的这本书里最终只出现了唯一一幅他画的插图：卷首插画上的树贞兰。不得不承认，这种娇羞忸怩的兰花并不是特别美。如果叶子凋落了，这些小花看起来就像毛茸茸的毛毛虫，但是这些小花十分坚忍不拔：足足有一个世纪它都是伊萨兰属唯一的一个种，而且直至今日伊萨兰属也只有三个种被发现。

　　"Isabelia virginalis"（树贞兰）一词的前半部分是为了纪念巴西最后一位女王储伊莎贝拉·克里斯蒂娜·利奥波迪娜·奥古斯塔·米凯拉·加布里拉·拉菲拉·冈扎加·奥尔良－布拉干萨（Isabella Cristina Leopoldina Augusta Micaela Gabriela Rafaela Gonzaga d'Orléans-Braganza, 1846—1921），后半部分源自拉丁语 "virgo"（意为处女）。

　　E.B. 贝尼克（E.B. Behnick）:《树贞兰》。

　　科迪莉亚·哈里斯·特纳:《花朵王国及其历史、情感与诗歌》。

　　☆若昂·巴博萨·罗德里格斯（João Barbosa Rodrigues）:《兰花新属与种》。

# 袋鼠爪花 Kangaroo Paw

Patte de Kangourou / *Känguru-Blume*

属：袋鼠爪属 *Anigozanthos*
科：血草科 *Haemodoraceae*

花茎以及花被的下部被有一层绯红色的云絮，因而看起来是红色的；花被其余部
分为绿色，外表有红色的刺，内部呈白绿色。

《综合花园报》，第 47 页。

你的朋友们永远在你身边。

内布拉斯加，第 12 页。

1788 年法国航海家让·弗朗索瓦·德·拉贝鲁斯跟随詹姆斯·库克的
脚步进行环球航行时在印度洋之中消失得无影无踪。被派出进行事故调查的
无数船只中有两艘由安东尼·雷蒙·约瑟夫·德·布鲁尼·恩特雷克斯托指
挥的护卫舰，于 1791 年 9 月 27 日从布雷斯特出海。在"探索号"的船员中
有一位植物学家名叫雅克·朱利安·胡图·德·拉比亚迪埃，随船共同前往
澳大利亚，姊妹舰"希望号"上的植物学家则是克劳德－安东尼－加斯帕
德·里切，他不只是希望能够在旅途中发现新的动物和植物，还希望海风能
治好他的肺结核。

1792 年 12 月 16 日，距离出发一年多以后，两位植物学家相约在澳大利
亚西南边的一个小岛上见面。但是里切失约了。拉比亚迪埃猜，里切大概是
因为有了最新发现而高兴得忘了时间。但是一天半过去了，里切依然没有出
现，大家开始担心起来。"探索号"每半个小时就会鸣枪来为迷路的植物学家
提示方位。同时拉比亚迪埃对小岛进行了勘测。活着的袋鼠倒是没有看到，
他只看到了袋鼠的排泄物。但是在植物界却有丰富的发现：他发现了一个新
的花属，这种花朵让他想起了鸢尾属的植物，所以他将其命名为袋鼠爪花。

消失的植物学家依然没有踪影，直到一支搜索小队发现了类似里切的鞋
印。接着很快人们就找到了他的手帕，然后是他的手枪，最后是几张有着里
切笔迹的纸片。这些新证据证明这位学者未曾远离过。当里切最终回到船上
的时候，他最为惋惜的是他的最新发现丢失了，即使是拉比亚迪埃在他不在
的时候发现的袋鼠爪花也无法弥补这一损失。

"*Anigozanthos*"源自
希腊语"*ánthos*"（意为花
朵）。

《综合花园报》第 3
期（1835）。

利兹·内布拉斯加：《意
义丰富的花环》。

☆雅克·朱利安·胡图·
德·拉比亚迪埃（Jacques
Julien Houtou de La billad-
ière）：《南海寻找拉贝鲁斯
之旅》。

# 樱花 Kirschblüten

Cherry Flowers / *Cérisier*

种：樱花 *Prunus serrulata*
属：李属 *Prunus*
科：蔷薇科 Rosengewächse（*Rosaceae*）

叶背面光滑。

《花园植物》，第 2 页。

良好的教养。

德拉图夫人，第 277 页。

艾尔玛·韦伯，我从没想过你是这样的。你在演《两个慕尼黑人在汉堡》的时候，我完全没想过有一天你会用你的演技震撼到我。不过也许你就像一瓶上好的红酒，随着时间的推移只会更加迷人。你随着年纪的增长，演技也日益精湛，不过电影真正的主题是人们应当趁还能享受人生的时候，尽情地去享受。

《花园植物》第 51 期（1902）。

夏洛特·德拉图夫人：《花的语言》。

就像杜莉·安格迈耶尔（Trudi）的名字比她丈夫鲁迪（Rudi）的名字多一个字母一样，杜莉总是在各个方面都领先她丈夫鲁迪一步。尽管是丈夫被诊断出患上了绝症，却是杜莉突然不告而别。子女的自私让他们只能转往波罗的海，而这次海边度假之行成了她的最后一次旅行。杜莉毫无征兆地在旅馆的睡梦中悄然去世。她曾梦想能去看一次富士山，在太阳升起的国度里体验一次樱花的盛放。但是鲁迪总是反对：我们在阿尔卑斯的家里也有山。最重要的是，我们拥有对方。

现在，杜莉已经不在了，鲁迪只能独自出发前往东京。他的儿子就像对待小孩一样对待他，儿子让鲁迪必须在身上挂上一个写着地址的大纸板，防止他在大城市里走失。在内城樱花花海的簇拥之中，鲁迪认识了一名年轻的跳舞的姑娘，他在呢子大衣下穿着他妻子的绿松石色的毛衣，颇有些不好意思。这个姑娘叫唯，一开始鲁迪磕磕巴巴地用英语和她交流，后来她教会鲁迪影子舞蹈无声的语言。在杜莉去世后，鲁迪借助舞蹈重新建立起了他们之间所失去的联系：在舞蹈中他渐渐明白了，如果当时他没有阻碍杜莉，那她本来可以成为什么样的人。但是就像樱花会突然盛开又会在一夜之间突然凋谢一样，鲁迪的顿悟也转瞬即逝。同一朵花，今天向你微笑，明天离你而去。

☆电影《当樱花盛开》。

# 大彗星风兰 Kometenorchidee

Star of Bethlehem Orchid / *Étoile de Madagascar*

种：大彗星风兰 *Angraecum sesquipedale*
属：彗星兰属 *Angraecum*
科：兰科 Orchideengewächse（*Orchidaceae*）

萼片柳叶状，较尖锐。花瓣几乎等长，基部椭圆形，顶端尖锐。唇基部心形，舌形向前延长，较尖锐。

《花园植物》，第 55 页。

王权。

肖伯尔，第 295 页。

"在马达加斯加一定生活着这样一种蝴蝶，其口器可长达 10 至 11 英寸。"查尔斯·达尔文 1862 年提出的这一假设让整个植物学界疑惑了很长一段时间。对于大彗星风兰的"鞭形的、长度惊人的绿色蜜腺"来说，如果要授粉，那么这种长度的口器是必不可少的，但还从未有人见过具有如此长度口器的蝴蝶。不过对于达尔文来说这是毫无疑问的：有这种花，那就一定得有能与之匹配的昆虫。

十几年后，来自图灵根州米尔贝格的植物学家赫尔曼·穆勒在给英国《自然》杂志的一封信中证实，的确有一种具有如此长度口器的飞蛾存在。他的哥哥弗里茨在巴西向他描述了这样一种昆虫，作为证据还给他寄来了一个这种飞蛾的口器。穆勒在信中附上了一幅这种口器的画，该口器长约 25 厘米。24 年过去了，1907 年人们终于在马达加斯加大彗星风兰的分布区域发现了一种类似的飞蛾，为了纪念达尔文的准确预测，人们将这种飞蛾命名为非洲长喙天蛾。

达尔文所提出的飞蛾与兰花的精确匹配得到了证实，非洲长喙天蛾为了喝到大彗星风兰的花蜜而进化出了长喙，而这种"大大的、星形的、有六个放射状花瓣的、好似雪白的蜡做成的花朵"的花期也非常长。否则授粉的概率就非常低了：在罕见的夜间飞行中，飞蛾们得能够迅速地发现兰花才行。

"*Angraecum sesquipedale*"源自马来西亚语"*anggrek*"（意为兰花）以及拉丁语"*sesquipedalis*"（意为一英尺半）。

《花园植物》第 7 期（1858）。

弗雷德里克·肖伯尔：《花语》。

☆查尔斯·达尔文（Charles Darwin）：《关于英国及国外的兰花通过昆虫受精的各种结构以及杂交的积极效果》。

☆赫尔曼·穆勒（Hermann Müller）：《能够吮吸到大彗星风兰花蜜的口器》。

# 沙漠雪 Leptospermum rubinette

Desert Snow / *Neige du Désert*

属：鱼柳梅属 *Leptospermum*
科：桃金娘科 Myrtengewächse（*Myrtaceae*）

尽管这类植物中大多数都长得非常高，几乎像树一样，但是其中大部分都可以按照灌木的方法来培育，因为这种植物几乎无一例外都很耐修剪，以至于人们可以将其修剪成各种形状及高度。

奥托（Otto），第 92 页。

家乡。

内布拉斯加，第 143 页。

43 年了，而且每年都是在 11 月 1 日这一天：亨利·范耶尔总会在自己生日这一天收到邮局寄来的一棵干枯的植物，但却没有寄件人的信息。今年他收到的是一棵鱼柳梅属的植物沙漠雪。由于范耶尔和警察古斯塔夫·莫雷尔至今也无法解决这个疑案，而且两位老人也时日无多，于是范耶尔聘用了刚登上头条新闻的记者米克尔·布洛姆奎斯特来帮忙。

从各种角度来看，这个选择都是非常明智的：单单是他的姓氏布洛姆奎斯特（Blomquist，别名 Blumenzweig，意为花枝）就暗示着他注定要参与到这件事中来。因为他可不是随随便便就和阿斯特丽德·林格伦笔下最著名的大侦探卡莱·布洛姆奎斯特（Kalle Blomquist）同名的，他们都卷入了一场花朵事件之中，而且都有一位女帮凶。不过卡莱·布洛姆奎斯特和埃娃洛塔·历桑德卷入的是一场孩子们的玫瑰战争，而米克尔·布洛姆奎斯特和莉斯·莎兰德的问题就严肃得多了。因为范耶尔怀疑这些花朵包裹的背后隐藏的是一次暴力犯罪，这些包裹总会让他想起很久以前消失得无影无踪的他最爱的侄女海莉。如果是熟悉花语学的读者，早就能预料到故事的结局了：花朵是海莉本人寄来的，由于家庭暴力她逃走了，但是她想保持与她亲爱的叔叔之间的联系。

虽然没有指印而且寄件人地址每年都会改变，但是花朵本身就是一种踪迹，然而很显然迄今为止没有人对这些花进行过调查。海莉还是小女孩的时候，在瑞典曾给她的叔叔送过压扁的风铃草、毛茛还有法兰西菊，但是她消失以后，叔叔收到的就不再是随处可见的花，而是精挑细选的稀有品种。其实海莉寄出的正是关于她的所在之处的信息：沙漠雪产自澳大利亚东部。然而想要寻找她的这些男人早就处于一个全球化的世界了，在这样一个世界里似乎不再有什么花是真正本土的了。

"*Leptospermum*" 源自希腊语 "*leptós*"（意为薄的）以及 "*spérma*"（意为种子）。

弗里德里希·奥托（Friedrich Otto）:《德国及英国花园中桃金娘科植物概览及其栽培方法概述》。

利兹·内布拉斯加:《意义丰富的花环》。

☆施蒂格·拉松（Stieg Larsson）:《龙文身的女孩》。

# 紫罗兰 Levkoje

Stock / *Giroflée*

属：紫罗兰属 *Matthiola*
科：十字花科 Kreuzblütler（*Brassicaceae*）

常于花园中种植，花园周边及废墟上也常见其野生品种。

米尔贝格（Mühlberg），第 9 页。

经久的美丽。

德拉图夫人，第 121 页。

唐·约翰斯顿要带给前任们的花必须是粉色的。一切是随着一封写在粉色信纸上的匿名信开始的，信中说他有一个从未见过面的 19 岁的儿子。唐的邻居威尔森是一名业余侦探，他充分发挥了自己的搜索技能，给唐制定了一个拜访旧爱的旅行，好让唐找到儿子的妈妈究竟是谁。或许某一位前任家里就有一台写了这封神秘信件的打字机。

一开始犹豫了一阵以后，唐还是踏上了旅程。他第一个拜访的是劳拉，她青春叛逆的女儿洛丽塔名副其实，大方地脱掉了晨衣，好让唐能一睹少女的曼妙身姿。这倒没有让母亲劳拉有什么不安，因为她的生活也是这样的——让男士们沉醉于她依旧姣好的外表之下。不出所料，唐也躺到了她的床上，但是这两位女士都没有打字机。第一次拜访之旅唐只给劳拉带了粉色的玫瑰，而拜访第二位前任时他又配上了满天星。这个经典组合与朵拉十分相配，她精神不太稳定，是一位经纪人，已经完全抛弃了自己曾经的嬉皮时代，和她的丈夫罗恩住在郊区一栋十分干净的样品房里。这里完全看不到孩子的影子。卡门是唐的第三站，她现在是一位动物沟通学家，很显然卡门与她十分有魅力的女助理有些暧昧。唐送给她一束粉色的百合，直截了当地问了儿子的问题——白搭。还有死于事故的米歇尔，我们年迈的唐将一束玫瑰、百合与菊花（见菊花）放在了她的墓前，所以米歇尔基本上也不会是写信的那位母亲了。

最后只剩下玩摇滚的新娘佩妮了：她收到的是唐自己摘的紫罗兰，看哪，她有一台打字机。但是她却没有要跟唐聊一聊的准备：唐问了儿子的问题以后，得到的却是被她的现任打得不省人事。所以在电影的最后，心碎的是从前的那位花花公子，而不是这些女人，这些女人都已经从与唐的分手之中走了出来。

"*Matthiola*"（紫罗兰）一词是为了纪念意大利医生与植物学家皮特罗·安德里亚·马蒂欧力（Pietro Andrea Mattioli，拉丁语名为 Matthiolus，1501—1577）。

弗里茨·米尔贝格［Fritz Mühlberg（Hg.）］：《阿尔高地区维管植物的分布位置及名称》。

夏洛特·德拉图夫人：《花的语言》。

☆电影《破碎之花》。

# 紫丁香 Lilac

Lilas / *Flieder*

**属**：丁香属 *Syringa*
**科**：木樨科 Ölbaumgewächse（*Oleaceae*）

两性花。花萼短，四齿。花冠呈漏斗形碟状，四裂。

彼得曼（Petermann），第 588 页。

爱的苏醒。

特纳，第 188 页。

当紫丁香再次开花的时候，阿德里安娜就会放下一切出去旅行。她只带一个小小的黑色行李箱。甚至连她的女佣都不知道她会去哪里，唯一确定的是：她会在两周后回来。

在修女集会上，人们已经等她等得望眼欲穿了。若是她没有在丁香开出第一朵花的时候到来，那就会像春天没有鸟鸣一样是令人无法想象的事情。一切都还像小时候一样，阿德里安娜每天和阿加特修女共用一个房间，会和修道院的女院长进行简短而真挚的交流，每天早上要去参加弥撒，心中总是充满着神圣崇高的想法。在她的这个自留地里，她能重获力量，因为在她丈夫去世后，她在这个世界上就是孤身一人了。她有足够的收入：她给修道院的礼物总是经过精心挑选，丰富而精美。她的财富到底来自哪里，似乎没有人感兴趣。

但是有一天，真相通过某些见不得人的渠道传入了这所与世隔绝的修道院：她从来就没有过丈夫。阿德里安娜以音乐为生，还是一个演员，更不用提她周围有多少男人了。不用说，修道院无法再接受这样的女人了。她送来的礼物也必须都拿走，这是修道院院长的指示。又有谁会关心阿加特修女从现在开始会害怕丁香花了呢？毕竟，我们不是生活在童话王国。想要幸福需要的不仅仅是阳光。

"Syringa" 源自希腊语 "syrinx"（意为管道）。

威廉·路德维希·彼得曼（Wilhelm Ludwig Petermann）：《植物界所有重要植物种类的完整描述》。

科迪莉亚·哈里斯·特纳：《花朵王国及其历史、情感与诗歌》。

☆凯特·肖邦（Kate Chopin）：《紫丁香》。

☆弗朗兹·德勒（作曲）、弗里茨·罗特（编剧）[ Franz Doelle（Musik）/ Fritz Rotter（Text）]：《白丁香重开时》。

# 羽扇豆 Lupin

Lupine / *Wolfsblume*

**属**：羽扇豆属 *Lupinus*
**科**：豆科 Schmetterlingsblütler（*Fabaceae*）

花瓣呈半螺旋状，花萼长有附属物，呈二唇形，上唇二裂，下唇三裂。

巴奇（Batsch），第 194 页。

贪得无厌。

霍珀（Hooper），第 245 页。

英国，1747 年。"要么留下你的羽扇豆，要么留下你的命！"这是黑衣英雄丹尼斯·摩尔劫富济贫的恐吓口号。他把贵族们乘坐的马车拦在了田间小路的中间，他看穿了贵族们只是假装进攻，所以他毫不畏惧。当然啦，这些贵族身上都带着羽扇豆，毕竟他们乘坐的马车可叫作羽扇豆快车。

遗憾的是，摩尔的努力并没有得到他所救济的人的感恩。我们的英雄找到了能想到的所有颜色的羽扇豆，他把这些花郑重地送给了一对贫困的夫妻，但是这对夫妻已经受够了羽扇豆：用来吃的，入药的，做头饰的，甚至还有当作猫粮的。——可不可以把羽扇豆换成金子、银子或者干脆换成新衣服呢？丹尼斯·摩尔尽职尽责地记录好客户的意愿，又重新出去抢劫。这个贵族茶会一定是被洗劫了很多次，贵族们被脱得只剩内衣，最后一株羽扇豆也被拔掉，最后黑衣英雄甚至连银勺都抢走了。

当被问到他到底还想要拿走什么时，我们的英雄自己也不知道该如何回答了。他头晕眼花地无数次往返于他想要帮助的、可是要求却越来越高的"贫"，以及他要抢劫的、拥有几乎取之不尽财富的"富"。他大概没想到进行社会再分配会如此困难。

*"Lupinus"* 源自拉丁语 *"lupus"*（意为狼）。

奥古斯特·约翰·格奥尔格·卡尔·巴奇（August Johann Georg Carl Batsch）：《试论植物知识及其历史，用于大学大课课堂，并配有必要插图》。

露西·霍珀（Lucy Hooper）：《女士的花与诗歌之书》。

☆巨蟒剧团之飞翔的马戏团，第三季，第 37 集《丹尼斯·摩尔》，1937 年。

# 铃兰 Lys dans la Vallée

Maiglöckchen / *Lily of the Valley*

种：铃兰 *Convallaria majalis*
属：铃兰属 *Convallaria*
科：铃兰科 Maiglöckchengewächse（*Convallariaceae*）

花序轴不断生长，在最后一朵花盛开之后不久，植物生长点便完全停止生长。
舒尔策（Schulze），第 20 页。

幸福又回来了。

沃特曼，第 125 页。

费利克斯·德·旺德奈斯赌错了花。他爱着的幽谷百合并不是贵族的百合花，而只是一朵普通的铃兰。因为虽然布朗什·德·莫尔索（笔名亨利埃特）在她无尽的谈话中总是把道德标杆立得很高，但她也不过是一个有血有肉的女人，临终时也会深深懊悔自己过去总是在做一个圣女。

由于他现在的爱人娜塔莉·德·玛奈维尔希望多了解一下他的过去，所以这位此时已经不再年少的费利克斯啰里啰唆地讲述了他对亨利埃特深深的爱，这朵他年复一年真心实意陪伴着的幽谷百合，尽管他们一开始就约定，亨利埃特绝对不会因为费利克斯的缘故离开她那暴力的丈夫以及她的两个体弱多病的孩子。为了亨利埃特，费利克斯甚至还创造出了一种新的语言：他通过花束来向他的意中人悄悄传达问候，为了这些让他耗费三个小时去采摘也愿意。年轻的少年通过花朵向贵族夫人所传递的花之信息是仔细斟酌过的，而她说的话同样会让人想起签名簿上令人乏味的格言：痛苦无边，幸福有限。那些承受了很多痛苦的人，也奉献了很多。不能成为一切的情人，就什么都不是。服务于一切，只爱一人。类似的限制还有费利克斯和亨利埃特二人对爱的理解：要么是圣女要么是妓女，要么是法国女郎要么是英国女人，要么是东方要么是西方。爱无法容许一条像亨利埃特建议她年轻的意中人在社会上所走的那种中间路线，也更不会允许各种矛盾势力长久竞争之外的其他途径。

对读者们的拯救只能来自外部。在法国百合凋谢并且费利克斯的英国情人也回到了婚姻的港湾之后，费利克斯坚定地相信他会与娜塔莉共度未来。然而，在他结束了长长的忏悔之后，娜塔莉却疲惫地建议他，不要再这样细致入微地描述每一个心动的细节，然后简单地说："保持朋友关系吧。"谢谢，娜塔莉。

"*Convallaria majalis*"源自拉丁语"*convallis*"（意为峡谷）以及"*Maius*"（意为五月）。

威廉·舒尔策（Wilhelm Schulze）:《铃兰的形态学与解剖学》。

凯瑟琳·H.沃特曼：《花典》。

☆奥诺雷·德·巴尔扎克（Honoré de Balzac）:《幽谷百合》。

# 木兰 Magnolia

Magnolier / *Magnolie*

种：木兰 *Magnolia*

科：木兰科 Magnoliengewächse（*Magnoliaceae*）

花被三片，花冠九片。花丝数目多，短，位于子房下部。多个子房位于棒状花托上部，柱头有茸毛。蓇葖果两瓣开裂，为卵球形聚合果，苞片内的种子悬挂外露，种皮肉质。

科吕尼茨（Krünitz），第 457 页。

不渝。

伊尔德雷，第 137 页。

"自然美什么的是根本不存在的。"这就是露薇·琼斯经营的这家美容沙龙的成功哲学，沙龙位于美国南部路易斯安那州的小镇钦奎平。为了切实贯彻经营理念，沙龙里特别舍得用双氧水、发胶，还有粉色指甲油。

麦琳、奥瑟和克莱儿三个闺蜜会定期在这里碰面，聊发型、聊美甲，当然还有各种新闻。在露薇的沙龙里，所有她们关心的事情都会聊。眼下最大的事情莫过于麦琳的女儿谢尔比的婚礼了。整个婚礼完全由两种不同的粉色调装扮而成，盘发上装饰着满天星。然而很快，不幸的乌云就降临了：重度糖尿病的谢尔比决意不听医生的劝阻怀孕生育。这是对谢尔比的妈妈和她的朋友们的一次考验。孩子刚出生时一切似乎看起来都很顺利，然而病魔很快占了上风。尽管麦琳不顾自己为女儿捐献了肾脏，谢尔比也只在儿子出生后活了几天就去世了。

危机之下，让女主角们团结在一起的远不只是对外表的注重。在无法指望男人如钢的时候，仍然可以依靠的就是女人们的友谊了。2012 年电影翻拍之前清一色的白人女主角被全部换成了美国黑人女演员，但是这一点依然没有变化。不过在这两部花卉故事片里，超越性别的关系或者甚至是跨越种族的友谊都没有出现。

"Magnolia"（木兰）一词是为了纪念将"科"这一类别引入植物分类学的法国植物学家皮埃尔·马诺儿（Pierre Magnol, 1638—1715）。

《约翰·乔治·科吕尼茨经济技术百科全书》。

米斯·伊尔德雷：《花语》。

☆ 1989 年版电影《钢木兰》。

☆ 2012 年版电影《钢木兰》。

# 月宫人金盏花 Man-in-the-Moon Marigold

Souci Homolunaire / *Mann-im-Mond-Ringelblume*

种：月宫人金盏花 *Calendula homolunaris*
属：金盏花属 *Calendula*
科：女诗人科 Dichterinnengewächse（*Poetaceae*）

多片花萼，萼片等大。种子多有翼。小花冠缺失。

海恩（Hayne），无页码。

躁动。

沃特曼，第 139 页。

世界上没有什么东西是会不复存在的，一切只是换了一个形式继续存在而已，蒂莉·汉斯多佛对这个想法非常着迷。原子奇妙而又美丽的能量彻底迷住了这个小学生。她没法让她的妈妈碧翠丝也对这种知识着迷。一直以来，她妈妈都在不断考虑新的，或许有希望解决她棘手的财务状况的办法。但是由于贷款开咖啡店又失败了，碧翠丝和她的两个女儿就只好靠照顾寄宿的一位退休老太太来糊口了，她们照顾她的方式同样独特而又亲切。

大女儿鲁思将母亲作为演出的原型用在了戏剧小组的讽刺表演上，而小女儿蒂莉则把抗争放在了内心。她白色的小兔子还有自然课上的研究项目都给了她一臂之力：如果受到伽马射线的照射，月宫人金盏花会怎么样呢？蒂莉发现，射线越强，花死去的可能性就越大。但是随着射线强度的增加，由于突变产生迄今为止未曾有过的漂亮花朵的可能性也越大。在 19 世纪 70 年代初，放射现象既是祝福也是诅咒。

按照影片的末尾可以确定的是，鲁思大概无法从她那以自我为中心的妈妈的掌握中逃走了。但是蒂莉却利用了由这个没有父亲的小家庭的解体所释放的能量。这才是她伟大发现的第一步。

"*Calendula homolunaris*"源自拉丁语"*caltula*"（意为黄色的女装）、"*homo*"（意为人类）以及"*lunaris*"（意为属于月亮的）。

弗里德里希·戈特洛布·海恩（Friedrich Gottlob Hayne）：《写实地介绍和描述医学中的常用植物，以及易与其混淆的其他植物》。

凯瑟琳·H.沃特曼：《花典》。

☆保罗·津德尔（Paul Zindel）：《伽马射线效应》。

☆电影《伽马射线效应》。

# 月光花 Moonflower

Ipomée bonne-nuit / *Mondwinde*

**种**：月光花 *Ipomoea alba*
**属**：虎掌藤属 *Ipomoea*
**科**：旋花科 Windengewächse（*Convolvulaceae*）

萼片钝，在果期变大。

《维尔莫兰花卉园艺》，第 708 页。

我与你有婚约。

杜蒙（Dumont），第 262 页。

　　黄昏时分月光花的绽放是夏日的高潮。这种茄目植物开放的场面只有几天，这短暂的时光因而更显珍贵。马修和考莉，还有他们女儿中的三个以及外孙，都惊讶于这些白色的花朵能在这么短的时间里开放。很久都没有开过这么多朵了。今年是个好年份。

　　尽管女儿们都已长大成人——最大的女儿都快五十岁了——大家在这个 19 世纪 50 年代初的夏天依然会回到父母在密苏里的农场来。所有人都又和以前一样了：长女杰西卡，心境平和；二女儿利奥妮依然想着遵循《圣经》的戒律不得违背；小女儿玛希·乔是广告写手，在遥远的纽约工作，她总是用清晰明了同时又充满爱的目光观察着她的家庭。玛希的缺席明显让大家都很悲伤，玛希是四个女儿中的老三，小时候是个野丫头，总是半夜从房间里偷偷溜出去，要么是去爬树，要么就是观察野生动物去了。她的去世留下了一个无法填补的缺口。像以前一样，剩下的三个女儿帮她们的妈妈做罐头，女儿们完全没有料想到，妈妈向她们隐瞒了什么。到现在为止家里还没有人发现考莉已经无法阅读了，她只是凭着自己的记忆背诵《圣经》中的段落。而且她最大的秘密也会被她就这样带进坟墓里，这个秘密就是那个流浪汉到他们家里的那天发生了什么。

　　女儿们夏天的到访就像是月光花的花朵：翘首以盼着，开放时满心喜悦，可又转瞬即逝。但是或许短暂与幸福就是这样互相制约的。

"*Ipomoea*"源自希腊语"*ips*"（意为毛虫）以及"*hómoios*"（意为相似的）。

《维尔莫兰花卉园艺》第一卷。

亨利埃塔·杜蒙（Henrietta Dumont）:《献花》。

☆杰塔·卡尔顿（Jetta Carleton）:《月光花藤》。

# 苔 Moss

Mousse / *Moos*

门：真藓门 Laubmoose（*Bryophyta*）
界：植物界 Pflanzen（*Plantae*）

它们（此处指苔藓）同具有腐蚀性的地衣一样，长在裸露的岩石表面，很快就会
形成少许土壤层，之后可供更高大的植物生长。

彼得曼，第 92 页。

无聊。

黑尔（Hale），第 130 页。

如果故事中的女英雄叫作维多利亚，是个孤儿，恐惧固定的关系，由于
她喜欢花朵而又有一位殷勤周到的园丁拯救她于孤独之中，那这就一定是一
部写得还算不错的通俗小说了。再插入一个由于一段往事而导致曾经亲密的
姐妹反目成仇的情节，配上一个随着新生儿的降生而圆满的大结局，一部畅
销作品就完成了。

故事随着两个用花语交流的人之间的误会而开始：要是他们知道异味蔷
薇（见异味蔷薇）既可以表示嫉妒又可以表示不忠，那伊丽莎白和凯瑟琳两
姐妹就不会分道扬镳了。一束被误解的鲜花带来的是多年的不联系，凯瑟琳
的儿子格兰特以及伊丽莎白的养女维多利亚也深受其苦。但是从他们的图书
借阅记录中，维多利亚发现花语和人们的语言一样，都具有任意性：某种花
代表什么意思是可以商榷的。所以维多利亚和格兰特就干脆发明了他们自己
的语言体系，这样一来模糊不清的信息就可以永远变成过去式了。

但是即使有了自己的密码，问题也无法解决，只是被推迟了而已。因为
只要母爱是一切事情的衡量标准，那么苔藓的无性繁殖就会是一个很吸引人
的选项。

威廉·路德维希·彼
得曼：《植物界所有重要植
物种类的完整描述》。

萨拉·约瑟法·黑尔
（Sarah Josepha Hale）：
《植物的口译员和植物的命
运之神》。

☆瓦妮莎·笛芬堡（Va
nessa Diffenbaugh）：《花之
秘语》。

# 无名藤蔓 Nameless Vine

Plante Grimpante Sans Nom / *Namenlose Schlingpflanze*

科：女诗人科 Dichterinnengewächse（*Poetaceae*）

植物生有一根较细且通常很长的茎，茎强度不足，无法保持自身直立，须缠绕于其他物体之上以求固定。

莫尔（Mohl），第 4-5 页。

被忽视的美。

特纳，第 393 页。

没有恶意的人在国外想要的其实只有一样东西：放纵的庆祝。沙滩派对、龙舌兰酒还有自由的性，他们出发前在美国的大学里规划去尤卡坦的度假时是这么幻想着的。但是当他们遇到一个叫作玛西亚斯的年轻德国游客后，杰夫、艾米、埃里克和斯塔西就被卷入了一场大冒险之中：玛西亚斯在找他的哥哥亨利奇还有他哥哥的女朋友，二人在一个玛雅寺庙附近进行考古挖掘时消失得无影无踪。几个美国的年轻人和玛西亚斯一起动身寻找失踪的哥哥。

到了森林里以后，迎接他们的是当地人充满敌意的弓箭。然而很快，搜寻小队们就明白了，真正的威胁根本不是这些好战的玛雅人，而是那些长满寺庙四周的开着红色花朵的藤蔓植物。这种藤蔓植物杀掉了亨利奇和他女朋友。很显然，这些藤蔓是有针对性地挑选牺牲者的：谁看起来弱，谁就会被攻击。首先遇难的是玛西亚斯，很快这些藤蔓又缠上了斯塔西的伤腿。他们没有别的出路，因为谁要是想从寺庙中逃出去，就会被当地人杀死，很显然，这些当地人很清楚这种植物的毒性。

然而这些花朵不仅吃肉，还会模仿声音来迷惑人类。那种所有人一开始都以为是亨利奇电话铃的声音就是这些红色的花朵发出来的。在这一点上，电影里的这种无名藤蔓比人类要高明些：因为不仅玛西亚斯所谓的德国口音模仿得不像，而且这些美国大学生哪怕是一点点都无法与当地人进行沟通。但是如果这里所有人都像那些花朵一样能说得这么好的话，就不可能诞生这个故事了。

胡戈·莫尔（Hugo Mohl）：《藤蔓攀缘植物的构造及缠绕方式》。

科迪莉亚·哈里斯·特纳：《花朵王国及其历史、情感与诗歌》。

☆电影：《恐怖废墟》。

☆斯科特·史密斯（Scott Smith）：《恐怖废墟》。

# 康乃馨 Nelke

Carnation / Œillet

属：石竹属 *Dianthus*
科：石竹科 Nelkengewächse（*Caryophyllaceae*）

萼圆筒形，管状，有纹，宿存萼，终端有五齿，萼周围有四片苞片包裹，两两对
立，其中两片较低。

《汉诺威杂志》，第 38 页。

哦，我可怜的心！

格里纳韦（Greenaway），第 48 页。

人们试图假设，花朵在政治讨论中总是代表着受压迫的一方。因为在这个世界上如果某个国家发生了革命，人们立刻就会联想到某种花。无论是 19 世纪 70 年代葡萄牙广为人知的红色康乃馨，还是 2003 年初格鲁吉亚的玫瑰花，又或者是近十年后突尼斯的茉莉花：花朵的政治功能似乎始终都是在传达通过人民实现和平接管政权。

但是如果再进一步地观察，人们就不会这样想了。因为在 19 世纪 80 年代突尼斯就已经发生过一次茉莉花革命了，这次革命与其说是人民起义，倒不如说是一次军事暴动。英国人的传统是在领口戴上一朵罂粟花（见罂粟）来纪念那些在战争中牺牲的人，有些人却把这一传统完全当成是一种军国主义的表现。

即使是代表着葡萄牙从独裁统治中被解放出来以及国际工人运动的康乃馨也有一段与贵族复辟有关的黑暗历史，虽然这场运动以失败告终，即康乃馨阴谋。为了让路易十六的王后玛丽·安托瓦内特不被送上断头台，反革命分子让·德·巴茨给出了高额悬赏。让－巴蒂斯特·米乔尼斯和亚历山大·贡塞·德·鲁格威尔接受了这个任务，二人去监狱里拜访了王后。德·鲁格威尔在扣眼上别了两朵非常漂亮的康乃馨，康乃馨中藏着给王后的密信。他告诉王后，钱和人已经准备好了，一切都为她的越狱做好了准备。但是 1793 年 9 月 2 日至 3 日的晚上，定好的逃跑计划败在了贿赂看守上。所以王后没有从狱中逃出，大约一个月后王后被处死了。政治上的花朵和政治上的动物一样，它们代表着什么完全取决于背景。

"*Dianthus*" 源自希腊语 "*diós*"（意为上帝）以及 "*ánthos*"（意为花朵）。

《汉诺威杂志》第 19 期（1781）。

凯特·格里纳韦（Kate Greenaway）：《花语》。

# 睡莲 Nénuphar

Seerose / *Water Lily*

属：睡莲属 *Nymphaea*
科：睡莲科 Seerosengewächse（*Nymphaeaceae*）

其叶子完整，呈肾形，或几乎为圆形，浮于水面；根有胳膊般粗细，茎常有一人高。

申克尔（Schenkel），第 283 页。

口才。

勒内韦（Leneveux），第 134 页。

爵士乐发烧友科兰非常爱听艾灵顿公爵的《沼泽之歌》，这一点就已经透露出科兰深爱着的克洛埃是一朵沼泽之花了。实际上水是她的组成部分，但却不是以冰冻的状态。所以，新婚之夜后堆满她胸口的那些雪花对她的健康是不可能有好处的。但是那些雪是不是导致她现在右侧肺部长出一朵睡莲的元凶，谁也不敢说。

从现在开始，克洛埃每天最多只能喝两茶匙水，不然的话睡莲就会不停地长大。因为她的医生认为在陆地上盛开的花朵对治愈她肺中那朵生在水中的花有效，所以她的病床边被摆上了尽可能多的鲜花。但是插花非常贵，所以科兰装满双金币的箱子很快就空了。

与此同时，他们刚刚结婚的最好的朋友之间的关系也同样不太好。但是让希克和阿丽丝分开的不是疾病，而是哲学家让－索尔·保特。尽管希克根本就没钱，但作为藏书爱好者的他一定要第一时间买到他的书。即使科兰把他一半的财产都送给了希克也于事无补：本来这些钱是计划用来与阿丽丝结婚用的，可是希克始终沉浸在对保特狂热的崇拜之中。阿丽丝只得走向极端：她用挖心器杀死了让希克破产的贪婪的书店老板，然而她也葬身于她自己放的大火之中。

科兰和克洛埃没有等来幸福的命运。尽管第一朵直径长达 1.2 米的睡莲通过手术被移除了，但是病很快又再犯了。克洛埃的左侧肺部也长了一朵花。此时，科兰已经卖掉了他的鸡尾酒钢琴，但是这些都无济于事：克洛埃去世了。不用过多久，科兰也会追随克洛埃陷入永远的沼泽深处。

"*Nymphaea*" 源自阿拉伯语 "*nīnūfar*"（意为蓝色的莲花）。

J. 申克尔（J. Schenkel）:《植物界》。

路易丝·勒内韦（Louise Leneveux）:《花朵象征新解》。

☆鲍里斯·维昂（Boris Vian）:《岁月的泡沫》。

# 夜皇后 Night-Blooming Cereus

*Cierge à grandes fleurs / Königin der Nacht*

种：大花蛇鞭柱 *Selenicereus grandiflorus*
属：蛇鞭柱属 *Selenicereus*
科：仙人掌科 Kakteengewächse（*Cactaceae*）

果卵圆形，大小与形状都类似火鸡蛋，黄白色，有脏脏的红色痕迹，刺座倾斜排列，大小如大头针的针头。

弗尔斯特、林普勒（Förster / Rümpler），第 749–750 页。

短暂的美。

L. V.，第 50 页。

　　夜皇后很固执。仙人掌本来就有刺，可是她还很吝啬展示自己的魅力。所以她的花朵只会盛开一晚，花是亮白色的，好让为她传粉的蝙蝠能够在黑暗中找到自己。另外她还会散发出香味来增加吸引力，这种香味既迷人又让人厌恶。香草与尸体，生与死，在这里密不可分。

　　夜皇后只向懂得欣赏矛盾的人展示其真正的美丽。比如男护士泰勒，他对人有一种与众不同的特殊的敏感性。他行为举止女性化，偏爱十分显眼的围巾，这些经常为他自己引来周围人的侧目。当被大家认为已经糊涂了的玛拉·拉姆昌丁被送到养老院天堂救济屋的时候，泰勒是唯一一个不把她看作杀人犯的人，泰勒首先把她看作一位被忽视的女人。他无微不至的关怀让他成功地把玛拉（化名波波）零散的故事拼凑到了一起。在这过程中他还得到了奥塔的帮助，奥塔的出现不仅补齐了老太太人生拼图缺失的几片，还让泰勒看到了一个性别局限之外的未来的可能性。

　　一开始，二人在探索玛拉的人生时发现她的人生简直可以说是一个由暴力、缄默以及同性恋恐惧症交织而成的无望的大网。家庭中的强奸、伪装成博爱仁慈的传教式的信仰转变，看起来无法逾越的社会等级与种族界限：在这个虚构的加勒比小镇兰塔卡马拉上，社会秩序与性别秩序十分僵硬死板。但是，也存在着其他与这些僵硬秩序相交叉以及中断或质疑这些僵硬秩序的逻辑存在。比如玛拉的花园，在其中，一切都可以按照大自然所安排的那样出生或者死亡，又比如泰勒和奥塔穿着他人服装的癖好，一个是穿着女护士的工作服，另一个则是穿着自己爸爸的衣服。这样一来，在社会的阴暗面之外又有了一个自由自主的空间，一个可以在明亮的日光下存在的空间。

"*Selenicereus grandiflorus*" 源自罗马夜之女神塞勒涅（Selene）和拉丁语"*cera*"（意为蜡、蜡烛）、"*grandis*"（意为大的）以及"*flora*"（意为花朵）。

《卡尔·弗里德里希·弗尔斯特的仙人掌全科手册》第二卷。

L.V.（L.V.）：《花的语言及感情》。

☆沙尼·莫托（Shani Mootoo）：《仙人掌绽放在夜里》。

# 夹竹桃 Oleander

Laurier Rose / *Oleander*

属：夹竹桃属 *Nerium*
科：夹竹桃科 Hundsgiftgewächse（*Apocynaceae*）

雌蕊顶端有碟状平面，长有五个笔状倒钩，可人工使倒钩穿过花丝的小孔，从而使花丝与雌蕊相接。

《植物学杂志》，第 69 页。

诡计。

努斯、梅雷（Nus / Méray），第 118 页。

夹竹桃属是一个单型属，其唯一一种就是夹竹桃。夹竹桃是夹竹桃科的一个独居者，和毛地黄一样，少量服用具有药效，过量服用则有毒。女艺术家英格里德·马格努森选择了白色的夹竹桃花：她就像一个中世纪的女巫一样在月光中从邻居的篱笆上摘下这些喇叭般的花朵，煮好以后又把汤汁倒进了看不出异样的牛奶中。她那爱上其他年轻女孩的前夫巴里将丧命于这杯睡前牛奶。

这杯毒牛奶把英格里德送进了牢里。但是这起花朵谋杀案更糟糕的影响却是带给了她的女儿阿斯特里德：她已经习惯于与她的单亲妈妈近乎共生一般的生活，而现在她只能依靠自己了。从一个收养家庭被送到另一个收养家庭，然而对她来说，母亲是任何人都无法取代的。无论是信奉宗教的南方美人斯塔尔、化妆品代理马弗尔还是高级妓女奥利维亚，她们都无法给这个年轻女孩一个依靠。只有那位孤独的女演员克莱尔做到了，不仅仅是她那充满克什米尔羊毛衫、维多利亚式的花园以及参观博物馆的世界里需要阿斯特里德，这也同时培养了阿斯特里德的艺术天赋。所以当抑郁症的克莱尔自杀时，对阿斯特里德的打击也就更加巨大。

从表面上看，一切都是可怕的母亲英格里德一手造成的，她看起来也很适合狱中的生活。因为故事的讲述者阿斯特里德越想向我们证明，谋杀巴里是英格里德以压迫女儿的方式得以自我实现的最终结果，这种对所谓艺术与家庭之间没有其他选择的怀疑就愈加明显。在这里，有毒的不仅仅是夹竹桃，更具毒性的是英格里德·马格努森一直都在逃避的观点，即母爱没有界限。

"*Nerium Oleander*" 源自拉丁语 "*olea*"（意为橄榄树）以及希腊语 "*nerón*"（意为新鲜的水）。

《植物学杂志》第 4 期（1790）。

尤金·努斯、安东尼·梅雷（Eugène Nus / Antony Méray）：《新版花卉游戏》。

☆珍妮特·菲奇（Janet Fitch）：《白色夹竹桃》。

☆电影《白色夹竹桃》。

# 兰花 Orchidee

Orchid / *Orchidée*

科：兰科 Orchideengewächse（*Orchidaceae*）

兰花的花序完全属于总状花序，也就是说，兰花通常不是单生花，花序轴会不断生长，花长在花序轴侧面。

《自然界中的植物家族》，第 61 页。

批评。

《花语》，第 24 页。

兰花是娇嫩的花朵的对立面，至少在性的方面是这样的。对所有想要更强硬一些的、喜欢在匿名的酒吧秘密约会的或者一直想要在热带沉闷的原野里毫无束缚地沉醉于肉体快感的人来说，选兰花就对了。兰花是性爱的招牌，它早已不再是情色内容的秘密暗号，是性变态的（非）委婉表达。

事实上，兰花是表现一切性爱种类的理想之花：兰花与它们的传粉者的关系十分紧密，它们会用精巧的机制来让授粉者注意到它们的优点。兰花既可以有性繁殖也可以无性繁殖，这也就打破了植物的两性模式。兰花既不是特别稀有，也不全都是分外美丽；有的闻起来像香草一样芬芳，有的闻起来又像尸体一样恶臭。而且除了南极洲，所有大陆都有兰花。

兰花也并不是代表不同性爱的花，更确切地说，兰花是几千年来适应与分化过程的体现。无论您想要表达什么样的性爱偏好，您都一定能找到一种合适的兰花。而且自从所有建筑材料市场上都可以买到便宜的蝴蝶兰，蝴蝶兰的养殖与照顾也就不再只是有钱人的奢侈的爱好了。

"*Orchidaceae*" 源自希腊语 "*órchis*"（意为睾丸）。

《自然界中的植物家族》。

o.A.（o.A.）:《花语》。

☆电影《野兰花》。

# 蓝眼菊 Osteospermum

Osteospermum / *Kapkörbchen*

属：骨子菊属 *Osteospermum*
科：菊科 Korbblütler（*Asteraceae*）

花冠小至中等大小，单生或疏松的圆锥花序，花朵黄色；总苞片层数较少。

《自然界中的植物家族》，第 306 页。

无罪。

沃特曼，第 74 页。

查理·考夫曼是个成功的剧本作家，曾为电影《傀儡人生》做编剧，他接了一个新工作：把苏珊·奥尔琳的小说《兰花窃贼》改编成电影。但是查理现在正处于写作障碍之中，而他身边那个在文学和性爱方面都成功得多的孪生兄弟唐纳德更加剧了这一障碍。查理决定通过紧跟着作家奥尔琳来解决他的问题。但是这（一开始）却让整件事情变得更加麻烦了。

那么，一方：（电影中虚构的）查理·考夫曼绝望地尝试改编小说，他不幸福的性爱生活以及和唐纳德的争吵；另一方：（电影中虚构的）作家苏珊·奥尔琳的经历。从电影开始，两方就在不断交替出现，直到双方有了交集，一方介入了另一方。与此同时，《兰花窃贼》从传记片、情节剧直至恐怖片经历了各种不同的类型，这一切一直延续到唐纳德去世、查理和他的意中人伊米莉亚的温柔浪漫爱情故事开始。

电影的最后是花的一组快镜头，这些花被种在一个车来车往十分繁忙的交叉路口，花朵们在混凝土花盆里长大、开花、凋谢。这些骨子菊属的植物已经适应了恶劣的城市环境，它们在这里繁荣生长，不受周围交通的影响。蓝眼菊也为这部关于花的电影点了题：蓝眼菊告诉我们，把一部小说天衣无缝地转换到另一种媒介中去是不可能的，只有不同媒介的互相激励才能保证小说的活力。或者用达尔文的话来说就是："大自然以最明确的方式教导我们，它畏惧持续不断的自花受精。"

"Osteospermum" 源自希腊语与拉丁语 "osteon"（意为骨头）以及 "spermum"（意为种子）。

《自然界中的植物家族》。

凯瑟琳·H. 沃尔曼：《花典》。

☆电影《改编剧本》。

☆查尔斯·达尔文：《关于英国及国外的兰花通过昆虫受精的各种结构以及杂交的积极效果》。

# 纸花 Papierblume

Paper Flower / *Fleur en Papier*

种：纸花 *Flos chartaceus*
科：女诗人科 Dichterinnengewächse（*Poetaceae*）

花与叶都是由彩纸做成的。

凯斯（Keess），第 273 页。

自我保护。

内布拉斯加，第 96 页。

这种家庭生活是如此完美，以至于其无法长久持续下去。妈妈科琳温柔地照顾着她那四个有着淡黄色头发的孩子，克里斯、凯西、克里以及凯丽。爸爸克里斯多夫是一位成功的广告商，虽然大部分时候只有周末才在家，但是他非常爱他的孩子们，也一如既往地爱着他无比美丽的妻子。然而克里斯多夫意外身亡让多兰根格一家人没有了经济来源，一切突然发生了改变。他们唯一的出路就是回到弗吉尼亚，回到科琳严守教义的父母家。

但是他们不想让别人知道这四个孩子的存在。因为科琳和克里斯多夫是近亲结婚，在这样一个严守教义的家庭里，乱伦生下的孩子是无法被容纳的。所以为了不被顽固的外祖父发现，孩子们被藏到了阁楼里，而且暂时不知道要藏多久。科琳又回归了原来的生活，她敷衍孩子们可以继承福克斯沃斯庄园一大笔遗产。不过得等到他们的外祖父母去世才行。

日复一日，月复一月，年复一年，多兰根格的孩子们却没有再见到阳光。而狭窄的阁楼藏身处渐渐变成了一个纸花做成的奇幻花园。孩子们从妈妈和外祖母那里收到的真花——黄菊花（见菊花）以及一朵朱顶兰（见彼岸花）——向他们展示着时间的流淌，而纸做的假花却始终如一。它们一直盛放，却从不曾真正地开花，因为所有与性有关的一切对纸花来说都不存在。不过对于年长的两个孩子克里斯和凯西来说，却不是这样，他们苏醒的性意识只能隐秘地对准他们的弟弟和妹妹。而这也就导致了他们本应避免却注定无疑的结局，一个让年轻的读者们既脸红却也很享受去读的结局。但是比乱伦更沉重的是自己母亲的背叛。这种背叛可以得到补偿吗？这个答案要到多兰根格系列作品的另一部里去找了：纸是有耐心的。

"*Flos chartaceus*" 源自拉丁语 "*flos*"（意为花）以及 "*chartaceus*"（意为纸做的）。

斯蒂芬·冯·凯斯（Stephan von Keess）：《工厂与企业经营现状介绍》。

利兹·内布拉斯加：《意义丰富的花环》。

☆维尔吉尼亚·C.安德鲁斯（Virginia C. Andrews）：《阁楼里的花》。

# 西番莲 Passion Flower

Passiflore / *Passionsblume*

属：西番莲属 *Passiflora*
科：西番莲科 Passionsblumengewächse（*Passifloraceae*）

花柱 3 枚；萼片 5 枚，花瓣 5 枚；蜜腺冠状；果具柄。
《卡尔·弗里德里希·迪特里希的植物世界》，第 19 页。

模仿。

努斯、梅雷，第 134 页。

充满热情地献身于某件事情，让一位英国女性与一位美国女诗人联系在了一起，这位 18 世纪的英国女性直至人生暮年才开始她毕生的事业，而这位美国女诗人于 2010 年开始思考自己的平生。即使热情来自痛苦，人们依然可以把热情化作创造性人生的推动力。

1771 年，72 岁的玛丽·德拉尼开始了她的花朵拼贴画事业。她把纸染成需要的颜色，用手术刀把纸裁剪成花与叶。然后她用特制的胶水一丝不苟地把花朵拼到黑色的底板上。直至她 88 岁去世前，她的《德拉尼的花》共有足足 985 幅图。这些纸做的花朵（见纸花）不仅从植物学的角度来说符合其真实特征，而且还非常美丽。一个毕生的事业完成了。

莫莉·皮科克于 20 世纪末开始研究这位杰出女性的人生轨迹。她读她的信，看她的画，了解她的生活环境，思考她的工作。而随着莫莉对玛丽的了解越来越深入，她在观察别人人生的同时找到了更好地理解自己人生的关键：她对手工的偏爱，对语言细节的赞美以及与年少时便认识的诗人结婚后的美满婚姻。两位女性之间相距超过两百年，但是她们在关键的问题上却十分接近。

二人都认为花朵是女性人生的比喻。玛丽手中符合植物学特征的西番莲不是特奥多尔·莱辛笔下基督教的受苦之花，而是一朵彻彻底底代表情爱的女性的形象，一个将身体与精神的激情融为一体的花之形象。

"*Passiflora*"源自拉丁语"*passio*"（意为喜欢）以及"*flos*"（意为花）。

《卡尔·弗里德里希·迪特里希的植物世界，依据卡尔·冯·林奈的自然系统编写》第三卷。

尤金·努斯、安东尼·梅雷：《新版花卉游戏》。

☆特奥多尔·莱辛：《花》。

☆莫莉·皮科克( Molly Peacock)：《纸质花园》。

# 芍药 Peony

Pivoine / *Pfingstrose*

属：芍药属 *Paeonia*

科：芍药科 Pfingstrosengewächse（*Paeoniaceae*）

花被五片。

苏科（Suckow），第 244 页。

侮辱。

卡赫勒，第 52 页。

在威塞克斯的乡村舞会上，一开始一切都是纯洁无辜的。但是这并不是一部读者们时而能隐约猜到，时而又期待的温柔浪漫爱情小说，安吉尔·克莱没有邀请漂亮的苔丝跳舞。安吉尔·克莱是牧师的儿子，拥有他这种名字的人都只会有最纯洁的想法，有色情需求的女性根本就不符合他的世界观。

有着如芍药花般鲜红、丰满嘴唇的苔丝很容易地就成为她那所谓的堂兄亚雷·德伯的猎物。对这个浪荡公子来说她来得正是时候：虽然他喂她吃那些成熟的草莓时她还忸怩作态了一把，但是还是很享受地咬了上去。她把他送的花别在衣服上，戴回了家。这位贵族伪君子得出结论：他可以为所欲为了，于是在树林里强暴了她。然而受惩罚的却不是他，而是她：她现在是一个堕落的女人了。强暴生下的孩子没多久便夭折了，然而大家对她堕落的记忆却一直都在。即使是当有一天拥有纯洁灵魂的安吉尔决定要娶这位不纯洁的女人时，一切也无济于事。他无法接受她的过去，逃到了巴西。

于是苔丝为自己伸张了正义：她杀死了折磨她的亚雷，为此却也献出了自己的性命。她把与后来回来的安吉尔共度幸福婚姻的机会留给了她的妹妹。成为一名正直诚实的女性却拥有着渴望——苔丝·德伯是不被允许在这种社会准则与自然需求之间的矛盾中存活下来的。

"Paeonia" 源自希腊语 "paiónios"［意为治疗的，源自医神派埃昂（Paion）］。

格奥尔格·阿道夫·苏科（Georg Adolph Suckow）：《根据最新的林奈植物性系统所编写的植物属的判断方法》。

约翰·卡赫勒：《本土与外来植物百科字典》。

☆托马斯·哈代（Thomas Hardy）:《德伯家的苔丝》。

# 长春花 Pervenche

Immergrün / *Periwinkle*

**属**：蔓长春花属 *Vinca*
**科**：夹竹桃科 Hundsgiftgewächse（*Apocynaceae*）

遮阴阔叶林、灌木丛。分散分布，花园常见绿植。

《植物采集研究及植物收藏汇编入门》，第 255 页。

温柔的回忆。

德拉图夫人，第 17 页。

    长春花是植物界的玛德琳。1764 年，52 岁的瑞士人让－雅克·卢梭在山上散步时发现了一朵有点不起眼的小花。虽然他才刚开始做植物采集研究，但他却十分肯定地叫出了这朵蓝色小花的名字：啊，这是长春花。

    他之所以知道长春花的名字是因为一段往事：卢梭记得以前曾见过这种长春花。在这次重逢之前差不多三十年，他和被他亲切地称为妈妈的华伦夫人曾一同前往他们共同的休息寓所勒斯查米特斯，途中华伦夫人曾给他指过这种盛开的小花。卢梭一方面由于深度近视没有从远处认出这种花；另一方面也因为懒得弯腰，当时就没太注意这朵花。

    但现在，这种由（重新）相逢所带来的快乐却愈发强烈。当然，这种快乐并不是因为花，花不过是触发了与华伦夫人共度的六年记忆，卢梭把这六年称为他一生中最美好的时光。自己曾和妈妈一起见到过这种小花。卢梭对着这朵蓝色的小花重复地念着长春花这个名字，这段曾与妈妈一起赏花却几乎被遗忘的记忆又重新浮现在脑海中，变成了卢梭自传中的一个片段。

"*Vinca*" 源自拉丁语 "*vincire*"（意为缠绕，编织花环）。

《植物采集研究及植物收藏汇编入门》。

夏洛特·德拉图夫人：《花的语言》。

☆ 让－雅克·卢梭（Jean-Jacques Rousseau）：《忏悔录》。

# 罂粟 Poppy

Pavot Somnifère / *Schlafmohn*

种：罂粟 *Papaver somniferum*
属：罂粟属 *Papaver*
科：罂粟科 Mohngewächse（*Papaveraceae*）

种子多数，小，表面呈小蜂窝状，隔膜两侧均长有种子。

罗林，第 18–19 页。

肯定。

《花的字母》，无页码。

"朱鹭号"不是挪亚方舟。乘坐着这艘巨轮从加尔各答前往毛里求斯的人们也不是濒临灭绝的物种。不过航行过程中，在这艘海上的巴别塔上，人们说的所有语言都被保留下来免于毁灭：来自巴尔的摩的扎卡里·瑞德的美语，尼尔·拉坦·哈德尔认真学会的牛津口音的英语以及波莱特·兰伯特的法式英语，这些语言与印地语、乌尔都语还有中文都混合在了一起。印度水手们的出身和他们说的语言一样五彩斑斓，他们早就把所有能想到的方言都融进了他们哼唱的小曲儿中。

乘船的理由和船上的语言一样五花八门。像迪提和卡鲁阿，他们在船上的官方登记表上叫作阿蒂提和马德胡，他们的结合不被种姓社会允许，只好逃离印度。波莱特是逃婚的，她不想嫁给干巴巴的老法官肯德布什，作为植物学家后人的她想到毛里求斯多了解了解自己的家人。扎卡里是船上的大副，他的证件上写着他是黑人，但是他一直靠白人的外貌畅行无阻，波莱特很喜欢扎卡里。巴布·诺伯·凯辛也同样喜欢扎卡里，他认为扎卡里是他的女神塔拉玛尼的转世。共同的交通工具把所有人都联系到了一起，这艘大船曾经是黑奴贸易中将非洲的黑奴运往美国的工具，而现在则负责把印度奴隶送往印度洋中的一座小岛。由于 1838 年中国开始禁止进行鸦片贸易，"朱鹭号"的船长本杰明·伯纳姆暂时把业务转向贩卖人口。大批种罂粟的农民负债累累，这对他来说恰巧合适。因为自从英国人把加兹布尔全部改种鸦片以后，那里就几乎没有多少人有足够的茅草来盖房顶了。

如同罂粟果荚中掉落的种子一样，所有人的命运都被散播在了印度洋上，开启了他们各自的生活。谁会顺利地到达毛里求斯呢？迪提和卡鲁阿在汪洋大海中分别以后还能再找到彼此吗？这个长着灰色眼睛的女人是谁？这个采摘罂粟的女人如痴如醉地等待着"朱鹭号"三部曲的第二部。

"*Papaver somniferum*"源自拉丁语"*papaver*"（意为罂粟）、"*somnus*"（意为睡眠）以及"*ferre*"（意为带来）。

《罗林的德国植物志》。

《按字母顺序排列的青少年花朵插图读本》。

☆ 阿米塔夫·高希（Amitav Ghosh）：《罂粟海》

# 杜鹃 Rhododendron

Rhododendron / *Rosenbaum*

种：海滨杜鹃 *Rhododendron macrophyllum*
属：杜鹃属 *Rhododendron*
科：杜鹃花科 Heidekrautgewächse（*Ericaceae*）

灌木或矮乔木，叶互生，少对生，多披针形或卵形，全缘，单叶，有些品种为常绿革质叶，有些为落叶薄叶。

赛德尔、海恩浩尔德（Seidel / Heynhold），第 41 页。

不安。

伊尔德雷，第 106 页。

一切是随着来自肯塔基州的玛丽·塞西尔·坎瑞尔开始的。她 45 岁，是法官詹姆斯·S. 坎瑞尔的妻子，她被美国总统本杰明·哈里森选为 1893 年芝加哥国际博览会妇女管理委员会的肯塔基州州代表。在这个世界最大的工业博览会上，这个纯粹由女性组成的代表团具有绝对重要的发言权，女性们知道她们需要借助巧妙的政治手腕继续扩大这一发言权。所以她们的第一次决议中就有一条是把带有男性色彩的称呼 "chairman" 一词换成了更为中性的 "president"（意为主席，"chairman" 一词中的 "man" 是男性的意思——译者注）。而作为可以看得到的女性力量的标志则是由年仅 21 岁的女性建筑师索菲亚·海登·班纳特设计的妇女馆。

没有这么惊天动地，但却影响更为深远的是一个由法官的妻子坎瑞尔提出的建议，一个一开始看起来不怎么引人注目的建议：美国每个州都要为芝加哥博览会选出自己的州花。每位国会议员都要在自己所在的州进行调查，不仅要挑出一种花，还要找到与其相关的所有文学方面的证明，尤其要关注女作家的文学作品。

要感谢坎瑞尔的是，在华盛顿州，州花要选野玫瑰、山茱萸、三叶草（见三叶草）还是杜鹃花，这个决定完全是由女性做出的。但是并不在于选出了什么花——胜者是杜鹃花——更具革命性的是这个选举行为本身：因为如果女性可以决定一个州的代表符号，那么她们也就能够选出她们的政治代表。根据这个由选州花引出的逻辑，1910 年，华盛顿州成为美国女性最早获得普通选举权的州之一。

"*Rhododendron Rosenbaum*"源自希腊语"*rhódon*"（意为玫瑰）以及"*dendros*"（意为树）。

特劳戈特·雅各布·赛德尔、古斯塔夫·海恩浩尔德（Traugott Jacob Seidel / Gustav Heynhold）：《杜鹃》。

米斯·伊尔德雷：《花语》。

☆《世界哥伦比亚委员会妇女管理委员会正式手册》（1891）。

# 鼠尾草 Salbei

Sage / *Sauge*

属：鼠尾草属 *Salvia*
科：唇形科 Lippenblütler（*Lamiaceae*）

花朵呈喉状，上唇凹陷，扁平，弯曲且有缺口，下唇宽，三裂，其中中裂片最大，略圆，同样有缺口。

马图什卡（Mattuschka），第 20 页。

尊重。

泰亚斯，第 179 页。

鼠尾草并不引人注目，但是其阔叶背后却藏着小精明。这种远近闻名的药草可以改善身体状况，其功效叫作自我优化。

如果人们按照鼠尾草的方式生活，那么每一天就都要以自我激励开始：在每个清晨用坚定的声音念一遍自己的当日目标——这样可以迅速带来好心情。但是人们不仅要自我命令，还得自我顺从。意志力从来都不是问题：在胜利的终点向我们挥手的一定是有史以来最好的那棵鼠尾草。为此做出一些牺牲也是可以的。要是没有那些不确定性和干扰因素就好了，就是那不靠谱的风和这些反复无常的昆虫！作为一种虫媒植物，鼠尾草总是得依靠别人的帮助。自我优化就已经够难了，但这些爱吃甜食的蜜蜂是绝对没有自制力的。

好了，有位比利时作家负责了这个授粉任务。但这个作家却对花蜜并不感兴趣，他专注于将完美的鼠尾草与欠佳的鼠尾草互相授粉。通过这种人和植物的高效协调配合，鼠尾草离自己的崇高目标越来越近了。不得不承认，有时待在无菌实验室里，耳边却没有蜜蜂嗡嗡之声，的确有些乏味无趣。有时候，感受一下微风吹过花茎上的小茸毛，哎呀，有一点点痒的感觉也真是美好。可是如果有一天能变成完美的花，谁还会在乎这个呢！

"*Salvia*" 源自拉丁语 "*salvare*"（意为拯救，保护）。

海因里希·戈特弗里德、格拉夫·冯·马图什卡（Heinrich Gottfried / Graf von Mattuschka）:《西里西亚植物志》。

罗伯特·泰亚斯:《花的语言》。

☆莫里斯·梅特林克:《花的智慧》。

# 花蔺 Schwanenblume

Flowering Rush / *Jonc Fleuri*

种：花蔺 *Butomus umbellatus*
属：花蔺属 *Butomus*
科：花蔺科 Schwanenblumengewächse（*Butomaceae*）

茎为不分叉的根茎，生于淤泥中，约几寸深，根茎横走，向下生有多根须状根。
罗斯迈斯勒（Roßmäßler），第 524 页。

灵活。

卡赫勒，第 75 页。

花蔺是 2014 年的年度之花。评选花朵小姐是由洛基·施密特于 1980 年发起的，花蔺是第 35 种获此殊荣的花朵。但是与人类世界大部分选美比赛不同的是，花朵小姐评选的决定性规则并不是最符合大众审美，这一规则便是脆弱性：只有那些不进行大规模保护就很有可能灭绝的花朵才能列入候选。

加拿大人查尔斯·格兰特·布莱芬迪·艾伦早在 130 年前就已经意识到花蔺应该受到关注。不过是出于其他的原因：他认为花蔺作为水鳖科的旁系群，是成为百合的关键进化阶段。不过艾伦认为，这种相似性不仅仅在于外观，比如苞片、萼片和花瓣，更多的是在亚灌木的节约策略上与百合相似：在繁殖过程中，花蔺不会开很多花，因为花蔺更注重高效率的授粉者，而不是授粉数量。

然而，尽管花蔺很早就知道质量要优先于数量，但现在花蔺依旧处于灭绝的边缘。可是这并不是花的繁殖策略导致的。花蔺偏好生长于水多的地方，而这些地方干涸得越来越多，花蔺的根下也就没有了水。1884 年的艾伦还不知道，有一种更有效率的物种会与花蔺杂交。

"*Butomus umbellatus*" 源自希腊语 "*boûs*"（意为公牛）、"*témnein*"（意为剪切）以及拉丁语 "*umbella*"（意为伞）。

埃米尔·阿道夫·罗斯迈斯勒 [Emil Adolph Roßmäßler（Hg.）]：《来自家乡》。

约翰·卡赫勒：《本土与外来植物百科字典》。

☆格兰特·艾伦（Grant Allen）：《花的进化》。

# 鹤望兰 Strelitzia

Oiseau du Paradis / *Paradiesvogelblume*

**属**：鹤望兰属 *Strelitzia*

**科**：鹤望兰科 Strelitziengewächse（*Strelitziaceae*）

以花朵明亮的色彩而著称。

布尔迈斯特（Burmeister），第 195 页。

天堂在你自己心中。

内布拉斯加，第 76 页。

瑞秋和海克结婚了。两人相伴多年，也是时候结婚了。新娘美丽动人，新郎看上去同样光彩照人，家人们也十分兴奋，一切都进展得完全正常，一切都是完美的。要是在二位新人互相说着"我愿意"的那一刻，那位花店女老板没有恰巧沿着教堂的侧廊走过的话就好了。

从那以后，瑞秋就堕入了情网。一种强烈的感情席卷了她，她从没有怀疑过对海克的感情，因为二人都是彼此最好的朋友。一种无法阻挡的力量彻底影响了她，无论她如何努力去抵抗这种力量也无济于事。花店老板露丝实在是太美了，而且她还非常亲切：对所有来到她花店的客人，她都愿意倾听他们的故事，还会随时为他们提供建议，这些建议显然是以维多利亚式的花语为基础的。因为进入她花店的客人，要么是为了拯救一段关系，要么就是为了尽量恰当而又划算地结束一段关系。遇到这种情况，露丝就会体贴地推荐丁香花（见紫丁香）或者绣球花："都过去了，但只需记得我的好。"露丝本人喜欢鹤望兰，鹤望兰是温室植物的女王：1773 年，英国皇家植物园裘园的园长约瑟夫·班克斯在好望角采摘了许多株鹤望兰，并以英国国王乔治三世的王后索菲·夏洛特·冯·梅克伦堡·施特雷利茨（Sophie Charlotte von Mecklenburg-Strelitz）的名字来命名。乔治三世与王后一共养育了 15 个子女，而且二人从未分开超过一个小时。

只是，当瑞秋请露丝解读一下瑞秋最喜欢的卷丹（见卷丹）的秘密花语时，她犹豫了。但最终她还是告诉了瑞秋花语是"请勇敢爱我！"，这句话会让这位新婚妻子理解成一句太过直接的请求。但是在电影中任何人都无法摆脱命运的力量，露丝一定会永远陪伴在她的瑞秋身边的。

赫尔曼·布尔迈斯特（Hermann Burmeister）：《自然历史课本》。

利兹·内布拉斯加：《意义丰富的花环》。

☆电影《四角关系》。

# 香豌豆 Sweet Pea

Pois de Senteur / *Duftwicke*

种：香豌豆 *Lathyrus odoratus*
属：山黧豆属 *Lathyrus*
科：豆科 Schmetterlingsblütler（*Fabaceae*）

外来植物。

施瓦茨（Schwarz），第 70 页。

启程。

伊尔德雷，第 113 页。

　　达洛维夫人亲自去买香豌豆花。毕竟她的女用人露西有太多的活儿要干了：在客人们今晚到来之前，整个房子都要收拾好。所以礼节周到的女主人就得自己去买装饰用的花了。

　　在这个温暖的六月天里，整个伦敦都变成了一个巨大的花店。马尔伯里花店有飞燕草、丁香花（见紫丁香）、香豌豆花，还有数不清的康乃馨（见康乃馨），这只是在这个偌大的战后城市里人与花相遇的一个小剪影。还有要给自己的太太买花的丈夫们：休·惠特布雷德每次见布鲁顿夫人时都会带一束康乃馨。达洛维先生不会用文字对克拉丽莎表达他的爱，估计会买玫瑰（见百叶蔷薇），这样他在进她房间的时候手上就有点东西可以拿了。而克拉丽莎的旧情人彼得·沃尔什喜欢人比喜欢花菜多。传统的花语意义对他来说都很可疑。赛普蒂默斯·沃伦·史密斯甚至想象过，红色的玫瑰是从自己的血肉中长出来的。像他这样有战争创伤的人，只有从窗上跳下去一条出路了。

　　而女人们呢？克拉丽莎的女儿伊丽莎白不想被比作白杨或者晨露，但是她会让她的妈妈想起一朵刚刚盛开还几乎没有被阳光照射到的风信子。海伦娜·帕里小姐只是第一眼看上去像一个无聊的老处女：关于缅甸兰花的书是她实地考察写成的，这本书甚至得到过查尔斯·达尔文的赞扬（见兰花）。萨利·赛顿，曾因光着身子在克拉丽莎的父母家中闲逛，还有把漂在水中的锦葵和大丽花（见大丽花）摆成不正统的样式而臭名昭著，现在她已经成为五个儿子的妈妈，而且很少养花。她曾经在花园中给克拉丽莎的那个吻，早就被忘记了。

　　在这些喧喧嚷嚷中，克拉丽莎始终在那里，她喜欢举办派对，招待许多客人，而又只能在花朵之中找到自己的宁静，她就站在那里，臂弯中满是香豌豆花。

"*Lathyrus odoratus*" 源自希腊语 "*láthyros*"（意为豌豆种）以及拉丁语 "*odoratus*"（意为芬芳的）。

A. 施瓦茨（A.Schwarz）:《关于纽伦堡及相邻的汝拉山脉附近考依波统的植物地理情况同拜罗伊特及克洛伊森东部重新发现的考依波统及壳灰岩统高地》。

米斯·伊尔德雷:《花语》。

☆弗吉尼亚·伍尔夫（Virginia Woolf）:《达洛维夫人》。

# 卷丹 Tiger Lily

Lis tigré / *Tigerlilie*

种：卷丹 *Lilium lancifolium*
属：百合属 *Lilium*
科：百合科 Liliengewächse（*Liliaceae*）

叶披针形，花砖红色至肉桂棕色，内有深色斑点及黄色突起。

尼登楚（Niedenzu），第 102 页。

请勇敢爱我！

内布拉斯加，第 55 页。

"你能讲话该多好！"当爱丽丝在镜子后面的花坛看到一株卷丹时，她心里是这么希望着的。看哪：她能说话。这个世界里终究有着不同的游戏规则。但是很快爱丽丝就发现这没有什么特别的，因为如果遇到的是一个值得交谈的人，所有的花都会说话。而在镜子外面的世界里，花坛中的花不会说话是因为土地太软，花朵们总是昏昏欲睡。对爱丽丝来说这些花就像人一样，同样，对这些花来说爱丽丝就像花一样：她的两片花瓣虽然已经有点软绵绵地垂了下来，但是除此之外这个小姑娘完全就是一朵花，就像红方王后一样可以行走。

但是还没等爱丽丝弄懂花朵们的秘密，她的脑子里就已经因为花朵们一直不停地说话而嗡嗡作响了，因为这里所有东西都会说话，而且还都喜欢混在一起说话。这下，即便很明显是这群花朵首领的卷丹发出的命令，也无济于事了。卷丹无法移动，所以她的权威范围和她的声音范围一样远。而当爱丽丝恐吓她们要是不安静下来就要把她们全部摘掉时，奇迹发生了：花园里立刻安静了。

虽然爱丽丝牢牢地控制住了这些花，但是令我们感到遗憾的是，她对这些花并不感兴趣。本来总算能有人替我们问问那些我们真正感兴趣的问题了，不过现在这样我们大概就永远无法知道一直以来关于花语的一切了。但是谁知道卷丹和她的花朵伙伴们会不会说出对我们这个镜子外面的世界里有用的话呢。

弗兰兹·尼登楚（Franz Niedenzu）:《植物识别练习手册》。

利兹·内布拉斯加:《意义丰富的花环》。

☆刘易斯·卡罗尔（Lewis Carroll）:《爱丽丝镜中奇遇记》。

# 三尖树 Triffid

*Triffide / Triffid*

属：三尖树属 *Triffida*
科：女诗人科 Dichterinnengewächse（*Poetaceae*）

分泌毒液，致死。

《洛基恐怖秀》

偶然的美丽。

内布拉斯加，第 36 页。

没有人知道三尖树到底来自哪里。英国人私下传说这种非自然的杂交植物是苏联进行基因研究的产物。这种植物有些地方像向日葵，大概还杂交了萝卜、荨麻和兰花（见兰花）。但是上面这些基因父母们大概都不想对这怪物般的三尖树负责，正相反，更准确地说，它们大概都很吃惊自己的孩子怎么会长成这个样子。

虽然它们本来是可以为自己的孩子而感到骄傲的：这些花可以自己移动，很明显也拥有智慧，会用它们自己的语言互相交流。到现在为止它们与人类相比，唯独还差了视力。那么，一场发光的流星雨让绝大部分人类都失明，也大概就不是偶然了：现在三尖树统治世界的绊脚石没有了。被它们可以用伸长的毒刺杀死的人类到现在为止还完全不知道自己所面临的危险。

不过，不用多久幸存下来的少数人中头脑再简单的也会明白这些花比人类能更好地适应新环境。三尖树聚集成群，包围四处分散的人类聚集区，这些人类宁愿把大量时间浪费在各自小团体的政治讨论上，也不愿意对抗他们真正的敌人。在人类被包围的领土中，对话很快就开始讨论一夫多妻的极权主义社会模式和军事独裁了，但是看起来最有希望的依然是异性双人关系。对三尖树颇有研究的生物学家比尔·马森和写过一部完全自由的自传小说作家乔塞拉·普雷顿不仅成功抵御了食人花，甚至还勇敢地挽救了下一代。

造成这场灾难的既不是苏联的科学家，也不是冷战时期的军备竞赛：这种怪物般的花朵是一个以劳动分工为基础的社会因小失大的必然产物。如果人类想存活下去，就得从头开始：种植物、养动物、建家园，还有建自己的花园。

"*Triffida*" 源自拉丁语 "*trifidus*"（意为分成三部分）。

电影《洛基恐怖秀》。

利兹·内布拉斯加：《意义丰富的花环》。

☆约翰·温德姆（John Wyndham）：《三尖树之日》。

# 郁金香 Tulpe

Tulip / *Tulipe*

**属**：郁金香属 *Tulipa*
**科**：百合科 Liliengewächse（*Liliaceae*）

开花前花朵下垂；内层花被及花丝基部呈胡须状。

《居里手册》，第 382 页。

爱的宣言。

德拉图夫人，第 21 页。

您想写一部花朵做主角的小说？还得是部历史性的小说？玫瑰，当然没问题：比如写一个玫瑰战争时期兰开斯特家族和约克家族之间的故事。或者茶花（见山茶花）：如果您写法国的约瑟芬皇后有多么喜欢茶花，那就还可以顺带讲几句拿破仑的故事。不对，我想到了，您写一部关于郁金香的小说！我告诉您，这小说一定会大卖！

历史背景您可以选择 17 世纪荷兰的郁金香狂热时期。人们负债累累，只为买到某一个郁金香球根。您最好能创造一个角色，而他还不了解这种新潮流，然后慢慢地引入这个疯狂的投机事件中去。这样您就可以一步一步地解释清楚整件事情的来龙去脉。您觉得过于技术性了？没什么人情味？那您就写一个爱情故事，一位年轻的女士嫁给了一个年老的富翁，而她却爱上了一个一无所有的年轻花卉画家。二人想用郁金香赚很多钱，这样他们就能逃到荷兰的殖民地去了，然而可怜的是，二人的计划失败了，因为就在二人准备卖掉他们最值钱的球根时，投机泡沫破裂了。总的来说，就是您的小说里必须有个人得走上逃亡之路才行。这绝对是必需的！巴西、安哥拉或者锡兰，您挑一个。但是无论如何您小说里得有一个男性角色叫科内利斯才好，这样听起来比较有荷兰的感觉。或者您就赶快给自己起一个荷兰语的笔名吧。

您的小说里一定得写最受欢迎的郁金香品种"永远的皇帝"（Semper Augustus）：人们为了这种带有条纹的花朵曾一度是多么疯狂，因为没有人能栽培出这个品种，所以这个品种极其昂贵。如果您想文风更为精巧、叙事层次交替分布，那您就可以向读者透露一下，其实是由于一种病毒才导致了这种奇特的花色。要是 1630 年的时候荷兰有人知道这一点就好了！那样的话谁知道他们还会不会把所有的钱都砸进这种花里呢。

---

"Tulipa" 源自奥斯曼土耳其语 "tülbend"（意为缠头巾）。

《居里手册》。

德拉图夫人：《花的语言》。

☆黛博拉·莫盖茨（Deborah Moggach）：《郁金香狂热》。

☆埃尼·范·安特休斯（真名玛蒂娜·萨勒及亨德里克·格鲁纳）（Enie van Aanthuis）：《郁金香女王》。

# 非洲堇 Usambaraveilchen

African Violet / *Violette du Cap*

> **属**：非洲堇属 *Saintpaulia*
> **科**：苦苣苔科 Gesneriengewächse（*Gesneriaceae*）

> 植株矮小，直径 20~25 厘米，叶略长，呈卵圆形，基部心形，有软毛，有钝齿，有柄，肉质，暗绿色，呈莲座状铺展开。
>
> 《维也纳花园画报》，第 263 页。

> 自大。
>
> 内布拉斯加，第 19 页。

图灵根森林的大浆果山和乞力马扎罗的最高山峰基博山海拔相差 4912 米。而在非洲堇的两个名字——哈哥布赫里亚（*Hagebucheria*，源自小说中的人名 Hagebucher——译者注）和圣保利亚（*Saintpaulia*，非洲堇属名的音译——译者注）——之间则差了一场很明显从未开始过的考察之旅、一个不靠谱的故事讲述者以及许许多多基于"从前"的平行世界。

弗里茨·宾德患有遗传的不宁腿综合征。和他家族中的许多人一样，他的腿得不停地动才行。为了让这两条腿有个运动的目标，宾德在他幼年时代的好朋友迈克尔的鼓舞下报名了乞力马扎罗福利跑步行动。虽然他没有坚持到山顶，在到达山顶前就放弃了，但是不同的叙事链却在坦桑尼亚达到了高潮：宾德对他曾祖父莱昂哈德·哈哥布赫简直可以说是病态般的研究、他不知疲倦想要讲述故事的渴望以及他拒绝直面当前的心态。这次跑步行动更是一次通往自我的漫漫旅程：家族历史的幽灵出现得越来越频繁，这些幽灵把德国的殖民历史搬上了舞台，用一系列引证玩了一个猜谜游戏，而这游戏不仅让故事中的主角们不知所措，也让读者们越来越头晕目眩。

最后宾德把胃里的东西全吐了出来，不受控制的痉挛般的呕吐，直到所有人都明白到底是怎么回事：这个来自艾尔福特的所谓的非洲堇的发现者其实根本没有去过东非，一直以来都是这个好讲故事、充满幻想的曾孙子以为他的曾祖父曾去过东非。

"*Saintpaulia*"（非洲堇属）一词是为了纪念德国在东非的殖民地官员阿达尔伯特·埃米尔·沃尔特·勒·坦纽斯·冯·圣·保罗伊莱尔（Adalbert Emil Walter Le Tanneux von Saint Paul-Illaire, 1860—1940）。

《维也纳花园画报》第 18 期（1893）。

利兹·内布拉斯加：《意义丰富的花环》。

☆克里斯托弗·哈曼（Christof Hamann）：《非洲堇》。

# 杓兰 Venusschuh

Lady's Slipper / *Sabot de Vénus*

属：杓兰属 *Cypripedium*
科：兰科 Orchideengewächse（*Orchidaceae*）

叶下部的蜜腺呈鞋形，鼓起，中空，较花瓣短，上唇瓣较小，卵圆形，平坦弯曲，包裹住两个非常短的花丝。

苏科，第 372 页。

善变的美。

黑尔，第 103 页。

杓兰是理想的女间谍之花。葛丽泰·嘉宝扮演的狡猾的玛塔·哈丽在这种兰花里藏了一个微型胶卷，胶卷里拍摄的是秘密文件。这样一来，这朵花就变成了保管战争有关信息的容器，成为黑匣子的时尚花卉装饰。

在这部经典间谍影片中，之前已经出现过两个兰花的镜头了。大约在电影的中间部分，在玛塔的闺房中我们可以看到一束漂亮的卡特兰（见卡特兰），这束花很显然是她的情人舍宾将军送她的。在葛丽泰·嘉宝的那几组著名的近镜头中，有一张是她柔和、近乎透明的脸庞周围环绕着明亮的花朵。不久，俄罗斯军官洛萨诺夫就冲进了她的房间，他也十分爱慕这位北方佳丽。为了让德国情报机构能够拿到洛萨诺夫负责保管的文件，玛塔要在他不知道的情况下把这些文件拍下来藏在杓兰里，于是玛塔与他共度了一夜。她回家所乘坐的那辆出租车上装饰着显眼的兰花也不是偶然的，而且又是一朵卡特兰。

唇瓣突出、花瓣外翻的卡特兰与鞋形花瓣、深藏不露的杓兰之间，便是这部电影的全部张力所在。卡特兰指引了一条错误的道路，杓兰才是女神嘉宝的写照，嘉宝扮演的玛塔·哈丽想要短暂地为自己做一次主却只能不幸死去：她对洛萨诺夫的爱是没有未来的，因为陷入爱情的女间谍就会变成一个毫无用处的工具。

"*Cypripedium*" 源自希腊语 "*Kypris*"（意为维纳斯）以及 "*pedilon*"（意为鞋子）。

格奥尔格·阿道夫·苏科：《根据最新的林奈植物性系统所编写的植物属的判断方法》。

萨拉·约瑟法·黑尔：《植物的口译员和植物的命运之神》。

☆电影《魔女玛塔》。

# 马鞭草 Verbena

*Verveine / Eisenkraut*

属：美女樱属 *Glandularia*
科：马鞭草科 Eisenkrautgewächse（*Verbenaceae*）

腺状附属物。

《自然界中的植物家族》，第 138 页。

魔法。

德拉图夫人，第 105 页。

如果政治风向突然发生改变，天主教教堂也得重新洗牌。大约在 1850 年，北美大陆西南地区很有可能不久之后就不再属于西班牙，而是成为美国的一部分，所以梵蒂冈就将他们最优秀的耶稣会士之一派去了前线。让·玛里埃·兰塔主教之前已经在俄亥俄州做出了很多贡献，现在他的新任务是去新墨西哥州传教。如果说兰塔主教是堂吉诃德，那他身边的桑丘·潘沙就是忠实的约瑟夫·维勇。

在这广阔领土上的艰难旅途中，两位法国传教士发现，他们的同事当中既有腐败的当地男爵，还有放荡不羁的人和赌徒。只有少数几位圣徒符合属灵的牧者的标准。在维勇的帮助下，兰塔把上一代独裁专制的牧师们逐渐换成了忠诚的圣徒，也赢得了当地百姓的皈依。不过这两位先生彼此之间可谓天差地别：兰塔绝对属于长相帅气的人，不过更加内敛些；而维勇可以说是相貌丑陋，但是容易亲近，也更务实。只有当自然法则无法解释的时候，维勇才会相信那是奇迹，但是兰塔早就在心中认定了那是奇迹。

维勇直到去世之前一直孜孜不倦地奔波在传教的最前线，而兰塔被任命为圣达菲地区的大主教，老了以后搬回了乡下。他早就喜欢上这个小庄园了，尤其是那棵两百岁的老杏树，树上会结出极其美味的杏子。在他的花园中，他不仅种了能让他想起法国家乡的刺槐，还种了一些野花，比如浅紫色的马鞭草，这种花就像主教的长袍一样能迅速地长满他这个养老之地的小山坡。他和维勇在美国大陆上不断努力，使天主教得以广泛传播，传播的同时还要艰难地维持好传统与现代的平衡，同样地，兰塔的耕耘为新墨西哥州的荒野带来一缕在意大利与法国的原野上从未见过的色彩。

"*Glandularia*" 源自拉丁语 "*glandulae*"（意为腺体）。译者注：马鞭草为马鞭草属（Verbena），原著此处疑误。

《自然界中的植物家族》。

德拉图夫人：《花的语言》。

☆薇拉·凯瑟（Willa Cather）:《大主教之死》。

# 三色堇 Viola wittrockiana

Pansy / *Pensée*

种：三色堇 *Viola wittrockiana*
属：堇菜属 *Viola*
科：堇菜科 Veilchengewächse（*Violaceae*）

花萼与花冠向后生长，呈喙状，花药败育。

布尔迈斯特，第 238 页。

我想念您，您也要想我。

布里斯门，第 48 页。

要说到花的密码，三色堇一定当之无愧。而恰恰就是那些三色堇被误读或漏读的地方，让人们深深感受到了这个名字表达了什么样的内容。比如在奥菲利娅的著名独白中，她不仅送了迷迭香、茴香花和耧斗菜，也送了三色堇，这里有很多译者都误译或者漏译了。三色堇时而被译成勿忘我（见勿忘我），时而又被拿来表达悲伤的情感，偶尔还会为了让作品能押韵而干脆被忽略掉。其实原因很简单：这要感谢三色堇的法语名字"*pensée*"（英语化后写作"pansy"），才让三色堇成为思想和怀念的象征。如果起了其他名字，虽然花的味道一样馥郁，但却一定意味着什么别的东西了。

"*Viola wittrockiana*"（三色堇）一词是以瑞士植物学家威特·布雷谢·维特洛克（Veit Brecher Wittrock, 1839—1914）的名字命名的。

赫尔曼·布尔迈斯特：《自然历史课本》。

安娜－格拉姆·布里斯门［Anna-Gramme Blismon（i. e. Simon-François Blocquel）］：《新式花语，寓意，鲜花、水果、动物及颜色的象征符号等》。

☆威廉·莎士比亚（William Shakespeare）：《哈姆雷特》。

# 林地老鹳草 Waldstorchschnabel

Wood Cranesbill / *Géranium des Bois*

种：林地老鹳草 *Geranium sylvaticum*
属：老鹳草属 *Geranium*
科：牻牛儿苗科 Geraniengewächse（*Geraniaceae*）

萼片先端具芒。

莫斯勒（Mössler），第 1249 页。

带来快乐的事情。

努斯、梅雷，第 108 页。

1787 年夏天，柏林生物老师克里斯蒂安·康拉德·施普伦格尔有了一个影响深远的发现。在散步的时候他认真地研究了林地老鹳草的花朵，他注意到，这种植物的花冠下面有小毛。花朵的造物主创造一切都是有其意图的，那这种小毛也一定有其作用。出于这种实用性的考虑，施普伦格尔得出了结论：这种小毛是用来保护花蜜不被雨水冲走的，"就像一滴从人的额头上留下的汗珠，在经过眉毛与睫毛时被拦了下来，防止汗珠流进眼睛里"。当他发现其他产花蜜的花朵也拥有这种类似的防护机制时，小毛的问题算是解决了。

第二年的夏天，这位植物学家在散步时，又一个第一眼看上去多余的细节引起了他的注意：在浅蓝色的沼泽勿忘我（见勿忘我）的花冠处，有一圈黄色的环。他陷入了沉思："大自然把这个环染成了特别的颜色是不是为了用其指引昆虫们找到花蜜呢？"当他的假设得以证实时，施普伦格尔做了一个由部分到整体的归纳推理：花朵上显眼的颜色是昆虫们的交通信号灯。但是，施普伦格尔要从他的数次观察中形成一个花朵的理论还需要第三个证据。同年夏天，他发现了几种鸢尾属的植物，这些植物的花蜜也没有被雨水冲走，而且有一个特殊的颜色标记出了花蜜的位置。另外，这些花朵的构造看起来就是专门针对昆虫而设计的。施普伦格尔准备好提出他自己的假设了：所有分泌花蜜的花朵都是由昆虫来进行授粉的。在这里，花蜜只是一个为达到目的而使用的工具而已：借助于分泌花蜜的器官，花朵可以吸引昆虫，这些昆虫在寻找甜蜜食物的过程中会沾上植物的花粉，并在柱头与花药之间传播花粉。

在很长一段时间里，人们都认为施普伦格尔是在胡说八道。约翰·沃尔夫冈·冯·歌德甚至指责施普伦格尔是在把自然人格化。直到查尔斯·达尔文的研究面世，这位终其一生不过是独立学者的柏林老师才得到了自己应得的认可。

*"Geranium sylvaticum"* 源自希腊语 *"géranos"*（意为鹳）以及拉丁语 *"silva"*（意为森林）。

约翰·克里斯托弗·莫斯勒（Johann Christoph Mössler）：《植物手册》。

尤金·努斯、安东尼·梅雷：《新版花卉游戏》。

☆克里斯蒂安·康拉德·施普伦格尔：《自然揭秘：花朵构造及受精》。

# 紫藤 Wisteria

Glycine / *Blauregen*

属：紫藤属 *Wisteria*
科：豆科 Schmetterlingsblütler（*Fabaceae*）

如果想要把紫藤做出灌木丛的造型，就得立刻开始修剪，修剪要果断且需要持续一段时间，直到植株整体达到期望的形状，并且开始渐渐长出小花苞，而不是长出长的枝条。

《新花卉报》，第 411 页。

欢迎你，英俊的陌生人。

L. V.，第 62 页。

在威廉·福克纳虚构的约克纳帕塔法县里，空气中到处都弥漫着紫藤浓郁的花香。这种攀缘植物在倒塌的房屋墙壁上蓬勃生长，罗莎·科德菲尔德在这栋房子里一边讲故事一边回忆了自己的一生。她向年轻的大学生昆丁·康普生讲述了关于一个家族王朝诞生的故事，关于死亡、战争、乱伦以及黑人与白人之间的爱情故事。

庄园主托马斯·萨德本向罗莎求婚，但首先她得给他生一个儿子，自萨德本提出这个不道德的要求后至今已经过去了 43 年。此刻，在蜿蜒萦回的叙述中，她又回到了从前。与此同时，紫藤的花香和这位老太太身上散发出的气味混合到了一起。植物与女人，二者最后一次动用了所有的力量：春天，紫藤已经开放过一次了，夏末，又开放了一次，而罗莎·科德菲尔德则是在多年的隐居之后，犹豫着向年轻的昆丁讲述了自己的过往。如果说她花朵一般的名字罗莎（Rosa）会让人想到多刺的玫瑰灌木丛，那她讲述的故事就像是紫藤的总状花序，如震撼的瀑布般倾泻在墙上：她的故事不是按照时间顺序展开的，而是不断地绕圈子，不断地重复，在时而中断的句子里，在重又开始的思绪中，她的一生与美国南方的历史发展轨迹互相交织。

罗莎讲述的是昆丁自己人生的前半部分，但是即便是她也无法阻止昆丁后来在冰冷的哈佛自杀。但是有罪的不是紫藤，而是忍冬（见忍冬），是忍冬的花香让昆丁不停地想起自己亲爱的妹妹凯蒂。幽灵骚扰我们的方式有很多种，有的时候是以花的形式。

"Wisteria"（紫藤，原拼法为"Wistaria"）一词是为了纪念宾夕法尼亚大学的解剖学教授卡斯帕·维斯塔（Caspar Wistar, 1761—1818），他以保存人类器官的研究而著名，同时也是废除奴隶制协会的会长。

《新花卉报》。

L. V.：《花的语言及感情》。

☆威廉·福克纳（William Faulkner）：《押沙龙，押沙龙！》。

# 异味蔷薇 Yellow Rose

Rosier d'Autriche / *Gelbe Rose*

种：异味蔷薇 *Rosa foetida*（früher *lutea*）
属：蔷薇属 *Rosa*
科：蔷薇科 Rosengewächse（*Rosaceae*）

不得采用施肥的方法促进植物生长，相反地，贫瘠的土壤与干燥空旷的地方特别适宜其生长。

纳格尔（Nagel），第 142 页。

让我们忘了吧。

黑尔，第 188 页。

　　纽约上层社会是一个不同的世界，在这个世界里真正重要的事情是永远不会被说出口，也永远不会被完成的。取而代之的是一个只有知情者才能读懂的秘密的符号系统。花的密码揭露了这个大家以为放纵而没有约束的社会是如何无情：谁一旦做了败坏门风的事情，那他就会被排挤在外。

　　完美无缺的纽兰·阿彻尔几乎总是会在翻领上别上一朵栀子花（见栀子花），他很清楚，纯真的梅·韦尔兰德喜欢自己。他会定期给她送一束铃兰（见铃兰），以示对二人婚约的纪念。这毫无惊喜的安排由于梅的表姐艾伦·奥兰斯卡的出现发生了长久的改变，艾伦由于一场无爱的婚姻从欧洲回到了美国。在纽兰的眼中，与见过世面、博学多才的艾伦相比，年轻的梅一下子就变得苍白而又无聊了。纽兰长期以来的花卉订单发生了改变：梅依旧会收到她的铃兰，与此同时，从现在起艾伦会收到一束异味蔷薇——不过送花人不详。虽然他已经结婚了，但是纽兰不想像种兰花的朱利叶斯·博福特那样过分越轨，给奥兰斯卡夫人献上一大束红玫瑰（见美国丽人）。彻底与社会决裂对他来说是不可能的：纽兰遵守诺言，尽管违心但仍然娶了单纯的梅。结婚的时候，有人送了他们装在玻璃匣里的阿尔卑斯压花。

　　纽兰·阿彻尔终生都会爱着美丽的艾伦·奥兰斯卡。但是她却不懂得纽约人的花语，而梅虽然沉默却很了解她的丈夫纽兰。在告诉自己的丈夫之前，梅先告诉表姐她怀孕了，她用这样的方式赶走了威胁自己婚姻的人。其实这个孩子根本就不像她表现出来的那样纯真。

C.F. 纳格尔（C.F. Nagel）：《户外玫瑰栽培》。

萨拉·约瑟法·黑尔：《植物的口译员和植物的命运之神》。

☆伊迪丝·沃顿（Edith Wharton）：《纯真年代》。

# 樟叶蔷薇 Zimtrose

Cinnamon Rose / *Rosier Canelle*

种：樟味蔷薇 *Rosa cinnamomea*
属：蔷薇属 *Rosa*
科：蔷薇科 Rosengewächse（*Rosaceae*）

暗玫瑰红色的花瓣上有浅浅的凹痕。

莫斯勒，第 878 页。

不狂妄。

伊尔德雷，第 169 页。

年纪轻轻继承大笔遗产，这会让某些人头脑发昏的。比如弗兰茨·梅尔彻森就是这样，他的父亲是一个成功的不来梅商人，很早就离开了人世。儿子弗兰茨其实是一棵很容易满足的植物，只需要水和贫瘠的土壤就行，但是他却和所谓的朋友们把遗产都败光了，兜里很快就一分钱都没有了。

如果弗兰茨没有爱上美丽的梅塔的话，这一切就得他自己去承受了。但她是温室里的花朵，只能在母亲的保护罩下开放。妈妈认为弗兰茨就是一棵野生的要缠绕在别的植物上的藤蔓，任何与弗兰茨的接触都要被扼杀在摇篮里。这对情人想要绕过母亲的禁令，于是他们发明了一种无须说话的秘语：弗兰茨用琉特琴为梅塔弹奏乐曲，梅塔能从琴声中听出弗兰茨爱的誓言，梅塔按照一定的规则把她窗台上的花盆摆成不同的样子，弗兰茨从花盆的摆放中就能解读出梅塔的爱意。但是警惕的母亲发现了其中的端倪，她收起了花盆，不让这个献殷勤的花花公子见到自己的女儿。要有钱才行，所以弗兰茨动身前往安特卫普，要去找那些欠父亲钱的人。但是这位年轻人在商场上远不如在情场上得意，最后把自己送进了负债人监狱。他还想闯荡闯荡，积累自己的财富，最后也以失败告终。直到一位幽灵出现才解决了弗兰茨的困境，原来父亲很有先见之明地把一部分财产埋在了一处樟叶蔷薇丛下。弗兰茨找到了这份遗产，终于可以向梅塔求婚了：她的脸红得像一个海葵，母亲大人现在也同意他们在一起了。

琉特琴与花盆传递了什么信息呢？我们永远也无法知道了，因为对我们来说这些也是秘密。要记住的是：爱人之间无须话语也可以沟通——不过，无论是从前还是现在，没有钱（Moos，见苔）就不太容易了。

约翰·克里斯托弗·莫斯勒：《植物手册》。

米斯·伊尔德雷：《花语》。

☆约翰·卡尔·奥古斯特·穆塞乌斯（Johann Karl August Musäus）：《无声的爱》。

# 仙客来 Zyklamen

Alpenveilchen / Cyclamen / *Cyclamen*

属：仙客来属 *Cyclamen*
科：报春花科 Primelgewächse（*Primulaceae*）

叶片圆形，基部心形，有齿。花冠基部几乎反折，花瓣长卵圆形，有尖。
勃兰特、拉泽伯格（Brandt / Ratzeburg），第 48 页。

不幸的爱人。

努斯、梅雷，第 99 页。

在多瑙河边散步时奥古斯特·斯特林堡发现了一种他之前从未见过的花。不知名的花朵立刻唤醒了他昔日的爱好，他要给这种花进行分类。毕竟，世界是按照理智的原则建立起来的，而人们只需要将这些原则牢记在心。

首先需要采摘这棵植物，不然怎么将其分解呢？把花小心地剪下来以后，要数数雌蕊和雄蕊的个数，这朵花有五个雄蕊。但是这样还说明不了太多，这朵花既有可能是旋花属（见白日美人）的植物，也有可能是茄属。斯特林堡猜想到：这种花应该不是百合，不过是不是兰花（见兰花）呢？或者和睡莲（见睡莲）有点关系吗，毕竟这种花可以漂在水上？不对，应该相信第一印象，第一印象告诉他这种花是堇菜属的。另外，仔细观察的话，花瓣很像常春藤——它们都有白色斑点。

这位瑞典作家的植物学知识显然是不够用了，即使是伟大的系统分类学家杜纳福尔、德坎多尔和朱西厄也没帮他解决仙客来的秘密。不过斯特林堡更了解花语学的本质，因为他显然知道，花首先是一种符号：花朵解释的是隐藏的联系，指向意想不到的相似之物，因此花朵首先是为了被阅读才存在的。但是如果所有的一切彼此之间都有联系，那离精神病也不远了。斯特林堡的仙客来也是他精神状态的一个象征，他当时觉得所有的符号都在彼此指向，永不停歇，也就是偏执狂。

"Cyclamen" 源自希腊语 "kýklos"（意为圆圈）。

约翰·弗雷德里希·勃兰特、尤利乌斯·特奥多尔·克里斯蒂安·拉泽伯格（Johann Friedrich Brandt / Julius Theodor Christian Ratzeburg）：《德国有毒显花植物》。

尤金·努斯、安东尼·梅雷：《新版花卉游戏》。

☆奥古斯特·斯特林堡（August Strindberg）：《地狱》。

# 插图说明

书中所有花朵均配有历史插图。大部分图片摘自植物学书籍以及 19 世纪的杂志。以下特别列出其中几部：

1. *Edward's Botanical Register*（《爱德华植物志》），London 1815—1847.

2. *Curtis's Botanical Magazine; or Flower-Garden Displayed*（《柯蒂斯植物学杂志或称花园博览》），London ab 1787.

3. *L'Illustration horticole, journal spécial des serres et des jardins, ou choix raisonné des plantes les plus intéressantes sous le rapport ornemental, comprenant leur histoire complète, leur description comparée, leur figure et leur culture*（《园艺插图，有关温室与花园的特殊期刊，或最有趣的观赏植物精选，包括其完整历史、对比、外形及栽培》），Gand 1854—1896.

4. *Choix des plus belles fleurs et des plus beaux fruits*（《最漂亮的花朵及最美果实选集》），Paris 1833.

5. *Flore des serres et des jardin de l'Europe*（《欧洲温室花园植物志》），Gand 1845—1880.

6. *Flora Danica*（《丹麦之花》），Kopenhagen 1753—1883.

7. *Botanical Cabinet*（《植物内阁》）. *Consisting of Coloured Delineations of Plants from all Countries, with a short Account of each, Directions for Management, &c, &c*，London 1817—1833.

8. *The Floral Magazine*（《植物杂志》）: *Comprising Figures and Descriptions of Popular Garden Flowers*，London 1860—1871.

9. 对于无法找到相应历史图片的花朵，比如兰科下的黑兰或者是沙漠雪，本书选择了同种的花朵作为参考，黑兰的插图来自腋花兰属，沙漠雪的插图来自松红梅以及岩生松红梅等花朵。女诗人科花朵的插图选择的是与它们最为相似的花朵的插图（比如三尖树）。

10. 卷首插图为雅克·玛珊德（Jacques Marchand）于 1814 年所画。

11. 129 页的剪纸出自菲利普·奥托·伦格（Phillip Otto Runge）之手，从左上角开始依顺时针分别展示的是：矢车菊；紫罗兰及百合；董菜；报春花、康乃馨、玫瑰及风信子；铃兰；罂粟；水仙。

12. 61 页的雪花是威尔逊·本特利（Wilson Bentley）的作品，参见 Wilson A. Bentley / William J. Humphreys: *Snow Crystals*（雪晶体），New York 1931。

# 关键词

Akazie 刺槐

Akelei 楼斗菜

Alpenveilchen 仙客来

Amaranth 苋菜

Amaryllis 朱顶兰

American Beauty 美国丽人

Andromeda 仙女越橘

Asphodelos 水仙

Aster 紫菀

Audrey Ⅱ 奥黛丽二世

Augentrost 小米草

Avocado 牛油果

Begonie 秋海棠

Blauregen 紫藤

Blumella 布卢姆花

Blutberberitze 小檗

Bougainvillea 九重葛

Brennnessel 荨麻

Calla 马蹄莲

Canna 美人蕉

Cattleya 卡特兰

Chrysantheme 菊花

Colombiana 黑兰

Dahlie 大丽花

Dreifarbige Winde 白日美人

Duftwicke 香豌豆

Efeu 常春藤

Eisblume 冰花

Eisenkraut 马鞭草

Erika 石南

Fenchel 茴香

Fingerhut 毛地黄

Flieder 紫丁香

Froschbiss 水鳖

Gardenie 栀子花

Geißblatt 忍冬

Geisterorchidee, Amerikanische 幽灵兰花

Gelbe Rose 异味蔷薇

Geranie 天竺葵

Glockenblume 风铃草

Glyzinie 紫藤

Granatblüte 石榴花

Gummibaum 橡胶树

Hagebutte 蔷薇果

Hahnenfuß 毛茛

Hasel, Gemeine 欧榛

Heliotrop 天芥菜

Hibiskus 木槿

Hornstrauch 山茱萸

Hortensie 绣球花

Hundsrose 犬蔷薇

Hyazinthe 风信子

Immergrün 长春花

Iris 鸢尾属

Isabelia virginalis 树贞兰

Jasmin 茉莉花

Kakteenblüte 仙人掌花

Kamelie 山茶花

Känguru-Blume 袋鼠爪花

Kapkörbchen 蓝眼菊

Karthäusernelke 卡特西亚

Kirschblüten 樱花

Klee 三叶草

Kohlrose 百叶蔷薇

Kometenorchidee 大彗星风兰

Königin der Nacht 夜皇后

Korallenwein 珊瑚藤

Kornblume 矢车菊

Krokus 番红花

Lavendel 薰衣草

Leptospermum rubinette 沙漠雪

Levkoje 紫罗兰

Lilie 百合

Lorbeer 月桂

Lotus 莲花

Löwenzahn 蒲公英

Lupine 羽扇豆

Magnolie 木兰

Maiglöckchen 铃兰

Malve 锦葵

Mandel 扁桃

Mann-im-Mond-Ringelblume 月宫人金盏花

Margerite 法兰西菊

Mondwinde 月光花

Moos 苔

Nachtkerze 月见草

Namenlose Schlingpflanze 无名藤蔓

Narzisse 水仙

Nelke 康乃馨

Oleander 夹竹桃

Orangenblüte 橙花

Orchidee 兰花

Osterglocke 黄水仙

Papierblume 纸花

Paradiesvogelblume 鹤望兰

Parakresse 桂圆菊

Passionsblume 西番莲

Petunie 牵牛花

Pfingstrose 芍药

Plumerie 缅栀花

Pusteblume 蒲公英

Rhododendron 杜鹃

Ringelblume 金盏花

Rittersporn 飞燕草

Rose 蔷薇

Rosenbaum 杜鹃

Rosmarin 迷迭香

Rosmarinheide 仙女越橘

Salbei 鼠尾草

Sandstrohblume 沙生蜡菊

Seerose 睡莲

Schafgarbe 欧蓍草

Schlafmohn 罂粟

Schleierkraut 满天星

Schwanenblume 花蔺

Sonnenblume 向日葵

Spinnenlilie 彼岸花

Stiefmütterchen 三色堇

Studentenblume 万寿菊

Stundenblume 木槿

Tigerlilie 卷丹

Triffid 三尖树

Tulpe 郁金香

Usambaraveilchen 非洲堇

Veilchen 堇菜

Venusfliegenfalle 捕蝇草

Venusschuh 杓兰

Vergissmeinnicht 勿忘我

Viola wittrockiana 三色堇

Waldstorchschnabel 林地老鹳草

Weißdorn 山楂

Wildrose 野玫瑰

Wolfsblume 羽扇豆

Zimtrose 樟叶蔷薇

Zuckerblume 糖花

Zyklamen 仙客来

# 文献汇总

（按正文中出现先后顺序排列）

[1] 《郁金香与水仙》[» Tulpen und Narzissen«, vom Album *Blumen und Narzissen* (Ata Tak, 1981).]

[2] 《热情的园丁》[*Der leidenschaftliche Gärtner*, Frankfurt a. M. 1992 (Erstausgabe 1951).]

[3] 《修辞学历史词典》(*Historisches Wörterbuch der Rhetorik*. Bd. 3: Eup–Hör, Tübingen 1996.)

[4] 《阳台》(»Loggia«, in: *Einbahnstraße*, Berlin 1928.)

[5] 《花的文化》(*The Culture of Flowers*, Cambridge / New York 1993.)

[6] 《花语：历史》(*The Language of Flowers. A History*, Charlottesville, VA / London 1995.)

[7] 《植物的生长——格言录》(*Das Wuchern der Pflanzen. Ein Florilegium des Wissens*, Frankfurt a. M., 2009.)

[8] 《手捧一束鲜花的男人》[»L'Homme au bouquet de fleurs«, vom Album *L'Écho des étoiles* (Polydor, 2000).]

[9] 《花的语言》(*Le Langage des fleurs*, Paris ca. 1820.)

[10] 《花的语言》(»Die Sprache der Blumen«, aus dem Französischen von Gerd Bergfleth, in: Theodor Lessing: *Blumen*, Berlin 2004, 227 ff., hier 230.)

[11] 《不可避免的形式》(»La forme inévitable«, in: *La Haine et le Pardon. Pouvoirs et limites de la psychanalyse III*, Paris 2005, 481 ff.)

[12] 《花卉摄影：大师之作》(*Flora Photographica: Meisterwerke der Blumenfotografe*, aus dem Englischen von Christian Auffhammer, Weingarten 2002.)

[13] 《植物的私生活》(»The Private Life of Plants«, in: *Nature's Body. Gender in the Making of Modern Science*, New Brunswick, NJ 2004, 11 ff.)

[14] 《花的智慧》(*Die Intelligenz der Blumen*, aus dem Französischen von Friedrich von Oppeln-Bronikowski, Jena 1907, 60.)

[15] 《土耳其秘书，利用其与土耳其王子不为世人所知的神秘和特殊关系，以土耳其式的冒险，用不见面、不交谈或不写信的方式就可以表达想法》(*Le Sécretaire turc, contenant l'art d'exprimer ses pensées sans se voir, sans se parler & sans s'écrire, avec les circonstances d'une avanture turque, & une relation très-curieuse de plusieurs particularitez du Serrail qui n'avoient point encore esté sceuës*, Paris 1688.)

[16] 《关于花语》(»Sur le langage des fleurs«, in: *Annales des voyages, de la géographie et de l'histoire*, 1809, 346 ff.)

[17] 《后宫结构——亚洲专制主义制度在典

型西方国家中的应用设想》(*Structure du sérail. La fiction du despotisme asiatique dans l'Occident Classique*, Paris 1979.)

[18] 《晚来的夏日》[*Der Nachsommer: eine Er-zählung*, Frankfurt a. M. 2008 (Erstausgabe 1857).]

[19] 《罗密欧与朱丽叶》(*Romeo und Julia*, Akt II, Szene 2, in: *Shakspeare's dramatische Werke*, übersetzt von August Wilhelm Schlegel, erster Theil, Berlin 1797, 51.)

[20] 《植物学名词源学词典》(*Etymologisches Wörterbuch der botanischen Pflanzenna-men*, 3. vollständig überarbeitete und er-weiterte Auflage, Hamburg 2002.)

[21] 《少年维特的烦恼》[*Die Leiden des jun-gen Werthers*, München 1997 (Erstausgabe 1774).]

[22] 《花》[»Blume«, vom Album Tabula Rasa (Mute Records, 1993).]

[23] 《花样女人》(*Les Fleurs Animées*, Paris 1847.)

[24] 《圣徒艾米莉》[»Sacred Emily« (1913), in: *Geography and Plays*, Boston 1922, 187.]

[25] 《潘多拉，1787 年奢侈品及时装日历》[*Pandora oder Kalender des Luxus und der Moden für das Jahr 1787*, Leipzig 1979 (Originalausgabe Weimar/ Leipzig 1787).]

[26] 《植物标本，语言：花的话语》(*Herbarium, Verbarium: The Discourse of Flowers*, Lin-coln, NE, 1993.)

[27] 《"嘴上说不出，就要靠花讲"——花语学就是感情的语言》[»»Blumen müssen oft bezeigen, was die Lippen gern verschweigen‹. Floriographie als Sprache der Emotionen«, in: Viktoria Räuchle / Maria Römer (Hg.), Gefühle. Sprechen. Emotionen an den Anfängen und Grenzen der Sprache, Würzburg.]

[28] 《蒙田随笔》(*Die Essais*, erste moderne Gesamtübersetzung von Hans Stilett, Frankfurt a. M. 2000.)

[29] 《帕拉莲的化学成分》[»Ueber die chemischen Bestandteile der Parakresse (*Spilanthes oleracea*, Jacquin)«, in: Archiv der Pharmazie 241: 4 (1903): 270–289.]

[30] 《花语，或花朵符号学——包括花朵的原创及精选诗歌》(*The Language of Flowers; or, Flora Symbolica. Including Floral Poetry, Original and Selected*, London / New York 1887.)

[31] 《花朵入门读本，或花语，采取新的方法用花朵来介绍字母、音节及单词，另外还有多种花朵的象征、格言及寓意》(*Abécédaire de Flore, ou langage des fleurs, méthode nouvelle de figurer avec des fleurs les lettres, les syllabes, et les mots, suivie de quelques observations sur les emblêmes et les devises, et de la signification emblématique d'un grand nombre de fleurs*, Paris 1811.)

[32] 《美国丽人或美人如何返老还童》[»American Beauty oder Wie ältere Schönheiten verjüngt werden«, in: *Hamburger Garten-und Blumenzeitung. Zeitschrift für Garten-und Blumenfreunde, Kunst-und Handelsgärtner* 43 (1887).]

[33] 电影《美国丽人》(*American Beauty*, USA

1999, Regie Sam Mendes, Drehbuch Alan Ball, mit Kevin Spacey, Annette Bening und Thora Birch.)

[34] 《装饰磨工与绣花女工花语字典》(*Wörter-buch der Blumensprache für Verzierungs-smahler und Stickerinnen*, Leipzig 1822.)

[35] 《拉普兰游记及其他文章》(*Lappländis-che Reise und andere Schriften*, aus dem Schwedischen von H. C. Artmann, Leipzig 1987.)

[36] 《变形记》(*Metamorphosen*. Lateinisch / Deutsch, aus dem Lateinischen von Michael von Albrecht, Ditzingen 2010, Buch IV, 670 ff.)

[37] 《汉堡杂志，或自然研究及其他令人愉悦的科学研究文集》[*Hamburgisches Magazin, oder, gesammlete Schriften, aus der Naturfor-schung und den angenehmen Wissenschaften überhaupt* 17 (1756).]

[38] 《拉伯西尼医生的女儿》(»*Rappaccini's Daughter*«, in: *Mosses from an Old Manse*, London 1846 / *Rappaccinis Tochter und andere Erzählungen*, aus dem Amerikanischen von Ilse Krämer, Zürich 1966.)

[39] 《捕蝇草叶片解剖》(»*Zur Anatomie des Blattes der Dionaea muscipula*«, in: *Archiv für Anatomie, Physiologie und wissenschaftliche Medicin*, hg. von Carl Bogislaus Reichert und Emil Du Bois-Reymond, Leipzig 1876: 1–29.)

[40] 《花典：阐释花的语言与感情，附有植物学大纲及诗歌介绍》(*Flora's Lexicon: An Interpretation of the Language and Senti-ment of Flowers, with an Outline of Botany,*

*and a Poetical Introduction*, Boston 1855.)

[41] 电影《恐怖小店》(*Little Shop of Horrors / Der kleine Horrorladen*, USA 1986, Regie Frank Oz, Drehbuch Howard Ashman, mit Rick Moranis, Ellen Green und Steve Martin.)

[42] 《试论哈达马尔植物体系，附有中小学植物知识入门》(*Versuch einer systematischen Flora von Hadamar, mit einer Anleitung zur Pflanzenkenntniß für Schulen*, Hadamar 1822.)

[43] 《花朵王国及其历史、情感与诗歌——一本包含三百多种植物的字典，包括它们所属的属、科以及花语，并配以相称的宝石和诗歌》(*The Floral Kingdom, its History, Sentiment and Poetry. A Dictionary of more than three hundred Plants, with the Genera and Families to which they belong, and the Language of each Illustrated with Appropriate Gems and Poetry*, Chicago 1877.)

[44] 《亲和力》(*Die Wahlverwandtschaften: Ein Roman*, Tübingen 1809.)

[45] 《论歌德的〈亲和力〉》(»*Goethes Wahlver-wandtschaften*«, in: *Neue Deutsche Beiträge* 1924 / 1925.)

[46] 《园艺杂志，包含独立研究论文、摘录以及新文章的评论等园艺相关内容，也包含经验交流及相关新闻》[*Journal für die Gärtnerey, welches eigene Abhandlungen, Auszüge und Urtheile der neuesten Schrif-ten, so vom Gartenwesen handeln, auch Erfahrungen und Nachrichten enthält* 16

(1788).]

[47] 电影《白日美人》(*Belle de Jour*, Frankreich 1967, Regie Luis Buñuel, Drehbuch Luis Buñuel und Jean-Claude Carrière, mit Catherine Deneuve, Jean Sorel und Michel Piccoli.)

[48] 《穿裘衣的维纳斯》(*Venus im Pelz*, Stuttgart 1870.)

[49] 《法国植物学会公报》[*Bulletin de la Société botanique de France* 42 (1895).]

[50] 《玫瑰栽培师，或盆栽及地栽玫瑰的培养》(*Der Rosenzüchter, oder die Cultur der Rosen in den Töpfen und im freien Lande*, Erlangen 1858.)

[51] 电影《隔世情缘》(*Kate & Leopold* , USA 2001, Regie James Mangold, Drehbuch James Mangold und Steven Rogers, mit Meg Ryan, Hugh Jackman und Liev Schreiber.)

[52] 《十九世纪农艺师，第六部分：园艺、欧洲园艺文化纵览及完整的园艺日历》(*Der Landwirth des neunzehnten Jahrhunderts, oder das Ganze der Landwirthschaft, Teil 6: Die Gärtnerei, nebst einem Ueberblick über das Gartenwesen von Europa überhaupt und einem vollständigen Gartenkalender*, aus dem Französischen von Fidel Mandry, Stuttgart 1848. )

[53] 《新式花语，用花来阐释情感和思想的术语》(*Nouveau Langage des fleurs, avec la nomenclature des sentiments dont chaque fleur est le symbole et leur emploi pour l'expression des pensées*, Paris 1871.)

[54] 《茶花女》(*La dame aux camélias*, Brüssel 1848 / *Die Kameliendame*, vollständige Neuübersetzung von Andrea Spingler, Berlin 2012.)

[55] 《茶花女》(*La Traviata*, Venedig 1853.)

[56] 《关于兰科的实用研究，以及对所有盛开在热带的美丽兰花的文化内涵的说明与描述》(*Praktische Studien an der Familie der Orchideen, nebst Kulturanweisungen und Beschreibung aller schönblühenden tropischen Orchideen*, Wien 1854.)

[57] 《去斯万家那边》(*Du côté de chez Swann*, 1913 / Unterwegs zu Swann, aus dem Französischen von Eva Rechel-Mertens und Luzius Keller, Frankfurt a. M. 1994.)

[58] 《通用自然史多语种字典（附有解释性说明）》(*Allgemeines Polyglotten-Lexicon der Naturgeschichte mit erklärenden Anmerkungen*, Bd. 1, Hamburg / Halle 1793.)

[59] 《本土与外来植物百科字典，并根据用途、美观性、稀有性以及其他特征进行特别标注，附有植物学、德语、法语以及英语名称，包括寿命、来源地、形态、特征、应用、培育、繁殖以及同义词等等》(*Encyclopädisches Pflanzen-Wörterbuch aller einheimischen und fremden Vegetabilien, welche sich durch Nutzen, Schönheit, Seltenheit oder sonstige Eigenthümlichkeiten besonders auszeichnen; ihrer botanischen, deutschen, französischen und englischen Benennungen; ihrer Dauer, Heimath, Formen, Eigenschaften, Verwendung, Cultur, Vermehrung, Synonymen etc. etc.*, Wien

1829.)

[60] 《菊子夫人》(*Madame Chrysanthème*, Paris 1887 / *Madame Chrysantheme*, aus dem Französischen von Hans Krämer, Stuttgart 1899.)

[61] 《蝴蝶夫人》(*Madama Butterfly*, Mailand 1904.)

[62] 《植物界自然系统——以耶拿地区植物为证》(*Das natürliche System des Pflanzenreichs nachgewiesen in der Flora von Jena*, Jena 1839.)

[63] 《花之语》[*Selam oder die Sprache der Blumen*, Wien 1832 (2.verbesserte Auflage).]

[64] 电影《戴茜·克洛弗的内心》(*Inside Daisy Clover*, USA 1965, Regie Robert Mulligan, Drehbuch Gavin Lambert, mit Natalie Wood, Christopher Plummer und Robert Redford.)

[65] 《兰花》(Die Orchideen, Bd. I, Teil 7, Berlin 1975.)

[66] 《意义丰富的花环——现代花语缠绕而成》(*Sinnige Kränze, gewunden nach der Blumensprache in moderner Art*, Berlin 1900.)

[67] 电影《致命黑兰》(*Colombiana*, USA / Frankreich 2011, Regie Olivier Megaton, Drehbuch Luc Besson und Robert Mark Kamen, mit Zoe Saldana, Jordi Mollà und Lenny James.)

[68] 《花园植物》[*Gartenflora.* Allgemeine Monatsschrift für deutsche, russische und schweizerische Garten- und Blumenkunde und Organ des Russischen Gartenbau-Vereins

in St. Petersburg 24 (1875).]

[69] 《东方花语》(*Orientalische Blumensprache*, Arnsberg 1836.)

[70] 《兰花之家》(*The Orchid House*, London 1953 / *Das Orchideenhaus*, aus dem Englischen von Bruni Röhm, Reinbek bei Hamburg 1993.)

[71] 《皇家科学院研究报告——数学与自然科学篇》(*Denkschriften der Kaiserlichen Akademie der Wissenschaften / Mathematisch-Naturwissenschaftliche Classe*, Bd. 70, Wien 1900.)

[72] 《就说是睡着了》(*Call it Sleep*, New York 1934 / *Nenn es Schlaf*, aus dem Amerikanischen von Curt Meyer-Clason, Köln 1998.)

[73] 《维尔莫兰花卉园艺——德国花园所有种植物料的描述、培育以及应用》[*Vilmorin's Blumengärtnerei. Beschreibung, Kultur und Verwendung des gesamten Pflanzenmaterials für deutsche Gärten*, Bd. 1, Berlin 1896 (3. Auflage).]

[74] 《花的语言，或思想、感觉与情绪的花之象征》(*The Language of Flowers, or Floral Emblems of Thoughts, Feelings and Sentiments*, London / New York 1869.)

[75] 《中性》(*Middlesex*, New York 2002 / *Middlesex*, aus dem Englischen von Eike Schönfeld, Reinbek bei Hamburg 2003.)

[76] 《花园植物——园艺与花卉学杂志》[*Gartenflora. Zeitschrift für Garten-und Blumenkunde* 37 (1888).]

[77] 《呼吸，眼睛，记忆》(*Breath, Eyes,*

*Memory*, New York 1994 / *Atem, Augen, Erinnerungen*, aus dem Amerikanischen von Friedrike Jünemann, München 1999.)

[78] 《智慧的园丁口袋书》(*Taschenbuch des verstaendigen Gaertners*, aus dem Französischen übersetzt von Johann Friedrich Lippold, Stuttgart und Tübingen 1824.)

[79] 《花语》(*The Language of Flowers*, Boston 1865.)

[80] 《黑色大丽花》(*The Black Dahlia*, London 1987 / *Die schwarze Dahlie*, aus dem Amerikanischen von Jürgen Behrens, Frankfurt a. M. / Berlin 1988.)

[81] 电影《黑色大丽花》(*The Black Dahlia*, USA 2006, Regie Brian De Palma, Drehbuch Josh Friedman, mit Scarlett Johansson, Josh Hartnett und Aaron Eckhart.)

[82] 电影《蓝色大丽花》(*The Blue Dahlia*, USA 1946, Regie George Marshall, Drehbuch Raymond Chandler, mit Alan Ladd, Veronica Lake und William Bendix.)

[83] 《德国与瑞士植物口袋书，包含德国、瑞士、普鲁士和伊斯特里亚为人所熟知的并被广泛种植以供人类使用的野生植物，并根据德·堪多的分类学体系排列，附有林奈自然系统的纲目属目录》[*Taschenbuch der Deutschen und Schweizer Flora, enthaltend die genauer bekannten Pflanzen, welche in Deutschland, der Schweiz, in Preussen und Istrien wild wachsen und zum Gebrauche der Menschen in grösserer Menge gebauet werden, nach dem DeCandollischen Systeme geordnet, in einer vorangehenden Uebersicht der Gattungen nach den Classen und Ordnungen des Linnéischen Systemes*, Leipzig 1865 (6. Auflage).]

[84] 电影《蒲公英的灰尘》(*Like Dandelion Dust*, USA 2009, Regie Jon Gunn, Drehbuch Stephen J. Rivele und Michael Lachance, mit Mira Sorvino, Barry Pepper und Cole Hauser.)

[85] 《森林管理员教材》[*Lehrbuch für Förster und die es werden wollen*, Stuttgart 1814 (4. Auflage).]

[86] 《按字母顺序排列的青少年花朵插图读本：首先介绍花的属性、价值及其在艺术领域中的运用；其次介绍不同生活场景下每种花所代表的意义；最后讲述相关寓言故事和韵文诗词》(*Alphabet des fleurs pour l'instruction de la jeunesse, orné de gravures; contenant les propriétés des fleurs, leurs agrémens et leur usage dans les arts; suivi du langage de chacune d'elles dans les diverses circonstances de la vie; terminé par des historiettes instructives et des fables en vers*, Paris 1843.)

[87] 《埃格朗蒂纳》(*Eglantine*, Paris 1927 / *Eglantine*, aus dem Französischen von Efraim Frisch, Frankfurt a. M. 1954.)

[88] 《谜》[» Räthsel« , in: *Der aufrichtige und wohlerfahrene Schweizer Bote 7* (28. 1. 1810).]

[89] 《花》(*Blumen*, Berlin 2004.)

[90] 《莫斯科日记》(» Moskauer Tagebuch«. 1926 / 27. In: ders., *Gesammelte Schriften Band*

*VI: Fragmente, Autobiographische Schriften*, hg. v. Rolf Tiedemann / Hermann Schweppenhäuser, Frankfurt a. M. 1985.)

[91] 《石蒜科及其每个物种名字的同义词》(*Die Familie der Amaryllideen mit den Synonymen der einzelnen Species*, Weißensee 1844.)

[92] 电影《彼岸花》(*Higanbana / Equinox Flower / Blume des Äquinoktium*, Japan 1958, Regie Yasujiro Ozu, Drehbuch Kogo Nada und Yasujiro Ozu, mit Shin Saburi, Kinuyo Tanaka und Ineko Arima.)

[93] 《1800年版给植物学和医药学初学者的植物学袖珍书》(*Botanisches Taschenbuch für die Anfänger dieser Wissenschaft und der Apothekerzunft auf das Jahr 1800*, Regensburg.)

[94] 《最新精选花语——口诀歌和格言诗》(*Neueste und auserwählte Blumensprache, in kleinen Denkversen und Sinngedichten*, Anklam 1842.)

[95] 《长颈鹿的脖子》(*Der Hals der Giraffe*. Bildungsroman, Berlin 2011.)

[96] 《奥伦治－拿骚王朝野生植物目录及描述》(*Verzeichniß und Beschreibung der sämtlichen in den Fürstlich Oranien-Nassauischen Landen wildwachsenden Gewächse*, Herborn 1777.)

[97] 《莫里斯》(*Maurice*, 1913, erstmals publiziert London 1971 / *Maurice*, aus dem Englischen von Nils-Henning von Hugo, München 1988.)

[98] 《德国植物学爱好者、园艺爱好者、药剂师、农业家及林业工作者的植物学自学手册》(*Botanisches Handbuch zum Selbstunterricht für deutsche Liebhaber der Pflanzenkunde überhaupt, und für Gartenfreunde, Apotheker, Oekonomen und Forstmänner insbesondere*, Magdeburg 1824—1826. )

[99] 电影《迷魂记》(*Vertigo*, USA 1958, Regie Alfred Hitchcock, Drehbuch Alec Coppel und Samuel Taylor, mit James Stewart, Kim Novak und Barbara Bel Geddes.)

[100] 《自然揭秘：花朵构造及受精》(*Das entdeckte Geheimniß der Natur im Bau und in der Befruchtung der Blumen*, Berlin 1793.)

[101] 《藻海无边》(*Wide Sargasso Sea*, London / New York 1966 / *Sargassomeer*, aus dem Englischen von Anna Leube, München 1980.)

[102] 《室内园艺师最美植物挑选方法及其最适当的养育方法指导手册，主要基于个人经验》(*Nützlicher Rathgeber für Stubengärtner bey Auswahl der schönsten Gewächse und deren zweckmäßigster Behandlung, größtentheils nach eigenen Erfahrungen bearbeitet*, Leipzig 1828.)

[103] 电影《蓝色栀子花》(*The Blue Gardenia*, USA 1953, Regie Fritz Lang, Drehbuch Vera Caspary, mit Anne Baxter, Richard Conte, Ann Sothern und Raymond Burr.)

[104] 《自然界中的植物家族，包含家族中的属及重要的种，尤其是经济作物》(*Die natürlichen Pflanzenfamilien nebst ihren Gattungen und wichtigeren Arten*,

insbesondere den Nutzpflanzen, Teil 2, Abt. 6, Leipzig 1889.)

[105]《兰花窃贼》(The Orchid Thief, London 2000.)

[106]《德国中部及北部地区野生树种的完整描述及插图——献给庄园主、林业工作者、农业家及自然爱好者的书》(Vollständige Beschreibung und Abbildung der sämmtlichen Holzarten, welche im mittlern und nördlichen Deutschland wild wachsen. Für Gutsbesitzer, Forstmänner, Oekonomen und Freunde der Natur, Braunschweig 1826.)

[107]《恋爱中的女人》(Women in Love, London 1921 / Liebende Frauen, aus dem Englischen von Petra-Susanne Räbel, Zürich 2002.)

[108]《罗林的德国植物志》(J. C. Röhlings Deutschlands Flora, bearbeitet von Franz Carl Martens und Wilhelm Daniel Joseph Koch, Bd. 2, Frankfurt a. M. 1826.)

[109]《花语，附有说明性诗歌》(The Language of Flowers, with Illustrative Poetry, Philadelphia 1839.)

[110]《艾菲·布里斯特》(Effi Briest, Berlin 1896.)

[111]《植物学语法的人工及自然分类阐释——兼论朱西厄的体系》(Botanische Grammatik, zur Erläuterung sowohl der künstlichen, als der natürlichen Classification: nebst einer Darstellung des Jüssieu'schen Systems, aus dem Englischen übersetzt, Wien 1824.)

[112]《紫木槿》(Purple Hibiscus, London 2005 / Blauer Hibiskus, aus dem Englischen von Judith Schwaab, München 2005.)

[113]《植物的缠绕方式——1826年获得图宾根大学医学系第一名的植物生理学论文》(Ueber das Winden der Pflanzen. Eine botanisch-physiologische Abhandlung, welche von der medicinischen Facultät der Universität Tübingen im Jahr 1826 als Preißschrift gekrönt wurde, Tübingen 1827.）

[114]《喧哗与骚动》(The Sound and the Fury, New York 1929 / Schall und Wahn, aus dem Amerikanischen von Helmut M. Braem und Elisabeth Kaiser, Zürich 1956.)

[115]《卡尔·弗里德里希·迪特里希的植物世界，依据瑞典皇家骑士与医生卡尔·冯·林奈的最新自然系统编写》(Carl Friedrich Dieterichs Pflanzenreich nach dem neuesten Natursystem des königl. Schwedischen Ritters und Leibarztes Carl von Linne, Erster Teil, Leipzig 1775.）

[116]《诺桑觉寺》(Northanger Abbey, London 1818 / Die Abtei von Northanger, aus dem Englischen von Sabine Roth, München 2011.)

[117]《中欧地区显花植物的生命经历：德国、奥地利与瑞士显花植物的特殊生态学》(Lebensgeschichte der Blütenpflanzen Mitteleuropas: spezielle Ökologie der Blütenpflanzen Deutschlands, Österreichs und der Schweiz, Bd. 1.1, Stuttgart 1908.)

[118]《植物的婚礼》[Le Mariage des Plantes(Die Hochzeit der Pflanzen), Paris 1799.]

[119]《树贞兰》[» Isabelia virginalis Barb. Rodr.«, in: Orchis: Monatsschrift der Deutschen Gesellschaft für Orchideenkunde 5 (1911) 5–6.]

[120]《兰花新属与种，附有描述及配图说明》(*Genera et species orchidearum novarum quas collegit, descripsit et iconibus illustravit J. Barbosa Rodrigues*, Sebastianopolis 1877.)

[121]《综合花园报》[*Allgemeine Gartenzeitung* 3 (1835).]

[122]《南海寻找拉贝鲁斯之旅——根据法兰西共和国议会的决议，于 1791 年、1792 年以及法兰西共和国第一年和第二年期间寻找拉贝鲁斯的旅行记录》(*Relation du voyage à la recherche de La Pérouse, fait par ordre de l'Assemblée constituante pendant les années 1791, 1792 et pendant la 1ᵉ et la 2ᵉ année de la République françoise*, Paris 1799 / *Reise nach dem Südmeer zur Aufsuchung des La Perouse*, Hamburg 1801—1802.)

[123]《花园植物——园艺与花卉学杂志》[*Gartenflora. Zeitschrift für Garten-und Blumenkunde* 51 (1902).]

[124] 电影《当樱花盛开》(*Kirschblüten – Hanami*, Deutschland 2008, Regie Doris Dörrie, Drehbuch Doris Dörrie, mit Elmar Wepper, Hannelore Elsner und Aya Irizuki.)

[125]《花园植物——园艺与花卉学杂志》[*Gartenflora. Zeitschrift für Garten-und Blumenkunde* 7 (1858).]

[126]《关于英国及国外的兰花通过昆虫受精的各种结构以及杂交的积极效果》(*On the Various Contrivances by which British and Foreign Orchids are Fertilized by Insects, and on the Good Effects of Intercrossing*, London 1862 / *Über die Einrichtungen zur Befruchtung britischer und ausländischer Orchideen durch Insekten und über die günstigen Erfolge der Wechselbefruchtung, aus dem Englischen von H. G. Bronn.* Stuttgart 1862.)

[127]《能够吮吸到大彗星风兰花蜜的口器》(»Probosces capable of sucking the Nectar of Angraecum sesquipedale«, in: *Nature*, 17.7.1873, 223.)

[128]《德国及英国花园中桃金娘科植物概览及其栽培方法概述》[»Übersicht der neuholländischen Myrtaceen, welche sich in den deutschen und englischen Gärten befinden, nebst Angabe ihrer Cultur im Allgemeinen«, in: *Allgemeine Gartenzeitung. Eine Zeitschrift für Gärtnerei und alle damit in Beziehung stehende Wissenschaften* 3:12 (21.3.1835): 89–93.]

[129]《龙文身的女孩》(*Män som hatar kvinnor*, Stockholm 2005 / *Verblendung*, aus dem Schwedischen von Wibke Kuhn, München 2006.)

[130]《阿尔高地区维管植物的分布位置及名称——使用了舍夫特兰医生约瑟夫·弗里德林·威兰德留下的阿尔高地区植物手稿，并包含多位植物学家的贡献》(*Die Standorte und Trivialnamen der Gefässpflanzen des Aargau's. Mit Benützung eines hinterlassenen Manuskripts der Aargauer-Flora des Herrn Joseph Fridolin Wieland sel., gewesenen Arztes in Schöftland, und mit Beiträgen mehrerer Botaniker*, Aarau 1880.)

[131] 电影《破碎之花》(*Broken Flowers*, USA 2005, Regie Jim Jarmusch, Drehbuch Jim Jarmusch, mit Bill Murray, Sharon Stone, Frances Conroy, Jessica Lange, Tilda Swinton, Julie Delpy und Chloë Sevigny.)

[132] 《植物界所有重要植物种类的完整描述，根据其自然体系进行排列，并配以写实的图片加以解释》[*Das Pflanzenreich in vollständigen Beschreibungen aller wichtigen Gewächse dargestellt, nach dem natürlichen Systeme geordnet und durch naturgetreue Abbildungen erläutert*, Leipzig 1857 (2. Auflage).]

[133] 《紫丁香》(»Lilacs«, in: *The Times-Democrat*, 20.12.1896.)

[134] 《白丁香重开时》(»Wenn der weiße Flieder wieder blüht«, 1928.)

[135] 《试论植物知识及其历史，用于大学大课课堂，并配有必要插图》(*Versuch einer Anleitung zur Kenntniß und Geschichte der Pflanzen für academische Vorlesungen entworfen und mit den nöthigsten Abbildungen versehen*, Zweyter Theil, Halle 1788.)

[136] 《女士的花与诗歌之书，附有植物学介绍、完整的花卉词典并包含关于室内植物的一个章节》(*The Lady's Book of Flowers and Poetry; to which are added, A Botanical Introduction, A Complete Floral Dictionary; and a Chapter on Plants in Rooms*, New York 1846.)

[137] 《丹尼斯·摩尔》(»Dennis Moore«, 1973.)

[138] 《铃兰的形态学与解剖学》(*Morphologie und Anatomie der Convallaria majalis L. Mit 2 Tafeln*, Bonn 1899.)

[139] 《幽谷百合》(*Le Lys dans la vallée*, Paris 1836 / *Die Lilie im Tal*, aus dem Französischen von Trude Fein, Zürich 1977.)

[140] 《约翰·乔治·科吕尼茨经济技术百科全书，或国家经济、城市经济、自给自足的经济、农业以及艺术史体系概论，全书按字母顺序排列》(*Johann Georg Krünitz' ökonomisch-technologische Encyclopädie, oder Allgemeines System der Staats-, Stadt-, Haus- und Landwirthschaft, und der Kunst-Geschichte, in alphabetischer Ordnung. Zuerst fortgesetzt von Friedrich Jakob Floerken, nunmehr von Heinrich Gustav Flörke*, Bd. 82 Lustgefecht–Mailing, Berlin 1801.)

[141] 1989 年版电影《钢木兰》(*Steel Magnolias*, USA 1989, Regie Herbert Ross, Drehbuch Robert Harling, mit Sally Field, Dolly Parton, Shirley Maclaine, Olympia Dukakis und Julia Roberts.)

[142] 2012 年版电影《钢木兰》(*Steel Magnolias*, USA 2012, Regie Kenny Leon, Drehbuch Robert Harling, mit Queen Latifah, Alfre Woodard, Phylicia Rashād, Jill Scott und Condola Rashād.)

[143] 《写实地介绍和描述医学中的常用植物，以及易与其混淆的其他植物》(*Getreue Darstellung und Beschreibung der in der Arzneykunde gebräuchlichen Gewächse, wie auch solchen, welche mit ihnen verwechselt werden können*, Bd. 9, Berlin 1825.)

[144]《伽马射线效应》(*The Effect of Gamma Rays on Man-in-the-Moon Marigolds*, New York 1964.)

[145] 电影《伽马射线效应》(*The Effect of Gamma Rays on Man-in-the-Moon Marigolds*, USA 1972, Regie Paul Newman, Drehbuch Alvin Sargent, mit Joanne Woodward, Nell Potts und Roberta Wallach.)

[146]《献花：喜爱和尊重的象征；包括花朵的语言与诗歌》(*The Floral Offering: A Token of Affection and Esteem; comprising the Language and Poetry of Flowers*, Philadelphia 1851.)

[147]《月光花藤》(*The Moonflower Vine*, New York 1962 / *Wenn die Mondwinden blühen*, aus dem Amerikanischen von Eva Schönfeld, Reinbek bei Hamburg 1964.)

[148]《植物的口译员和植物的命运之神》(*Floras's Interpreter, and Fortuna Flora*, Boston / Portland 1856.)

[149]《花之秘语》(*The Language of Flowers*, New York 2011 / *Die verborgene Sprache der Blumen*, aus dem Amerikanischen von Karin Dufner, München 2011.)

[150]《藤蔓攀缘植物的构造及缠绕方式》(*Ueber den Bau und das Winden der Ranken und Schlingpflanzen*. Eine gekrönte Preisschrift, Tübingen 1827.)

[151] 电影《恐怖废墟》(*The Ruins*, USA 2008, Regie Carter Smith, Drehbuch Scott B. Smith, mit Jonathan Tucker, Jenna Malone und Shawn Ashmore.)

[152]《恐怖废墟》(*The Ruins*, New York 2006 / *Dickicht*, aus dem Amerikanischen von Christine Strüh, Frankfurt a. M. 2007.)

[153]《汉诺威杂志，包含短篇论文、思考性文章、新闻、建议以及经验，涉及如何改善营养状况、农业及城市经济、贸易、制造业、艺术、物理、伦理及令人愉悦的科学研究》[*Hannoverisches Magazin, worin kleine Abhandlungen, einzelne Gedanken, Nachrichten, Vorschläge und Erfahrungen, so die Verbesserung des Nahrungs-Standes, die Land- und Stadt-Wirthschaft, Handlung, Manufacturen und Künste, die Physik, die Sittenlehre und angenehmen Wissenschaften betreffen, gesammlet und aufbewahret sind* 19 (1781).]

[154]《花语》(*Language of Flowers*, London 1884.)

[155]《植物界，特别关注昆虫学、商业及农业：一本中小学及家庭适用的自然历史手册》(*Das Pflanzenreich, mit besonderer Rücksicht auf Insectologie, Gewerbskunde und Landwirthschaft: Ein naturgeschichtliches Handbuch für Schule und Haus*, Mainz 1860.)

[156]《花朵象征新解，及其历史、符号及语言》[*Nouveau Manuel des fleurs emblématiques, ou leur histoire, leur symbole, leur langage*, Paris 1837 (3. Auflage).]

[157]《岁月的泡沫》(*L'écume des jours*, Paris 1947 / *Der Schaum der Tage*, aus dem Französischen von Antje Pehnt, neu durchgesehen von Klaus Völker, Frankfurt a. M. 1979.)

[158]《卡尔·弗里德里希·费尔斯特的仙人掌全科手册——根据当前研究现状编写，并由特奥多尔·鲁姆普勒基于1846年建立

的属种系统增订》[*Carl Friedrich Förster's Handbuch der Cacteenkunde in ihrem ganzen Umfange: nach dem gegenwärtigen Stande der Wissenschaft bearbeitet und durch die seit 1846 begründeten Gattungen und neu eingeführten Arten vermehrt von Theodor Rümpler*, Bd. 2, Leipzig 1886 (2. Auflage).]

[159] 《花的语言及感情，包含与花有关的记录及精选诗歌》(*The Language and Sentiment of Flowers, With Floral Records and Selected Poetry*, London / New York o. J.)

[160] 《仙人掌绽放在夜里》(*Cereus Blooms at Night*, New York 1996 / *Die Nacht der blühenden Kakteen*, aus dem Englischen von Claudia Brusdeylins, München 1999.)

[161] 《植物学杂志》[*Magazin für die Botanik*, hg. v. Johann Jacob Römer und Paulus Usteri, 4 (1790).]

[162] 《新版花卉游戏，花卉的类比原则，由尤金·努斯和安东尼·梅雷向您介绍新的科学或真正的快乐艺术，从而让您自己探索每种植物的自然象征》(*Les Nouveaux Jeux floraux, principes d'analogie des fleurs, exposés par Eugène Nus et Antony Méray, science nouvelle, ou véritable art d'agrément, à l'aide duquel on peut découvrir soi-même les emblèmes naturels de chaque végétal*, Paris 1852.)

[163] 《白色夹竹桃》(*White Oleander*, London 1999 / *Weißer Oleander*, aus dem Amerikanischen von Ute Leibmann, Bergisch Gladbach 2007.)

[164] 电影《白色夹竹桃》(*White Oleander*, USA 2002, Regie Peter Kosminsky, Drehbuch Mary Agnes Donoghue, mit Michelle Pfeiffer, Renée Zellweger und Alison Lohman.)

[165] 《自然界中的植物家族：包含家族中的属及重要的种，尤其是经济作物，由多位杰出学者协作而成》(*Die natürlichen Pflanzenfamilien: nebst ihren Gattungen und wichtigeren Arten, insbesondere den Nutzpflanzen, unter Mitwirkung zahlreicher hervorragender Fachgelehrten. Begründet von A. Engler und K. Prantl, fortgesetzt von A. Engler, Teil 2, Abt. VI, Leipzig 1889.)

[166] 《花语》(*The language of Flowers*, New York 1834.)

[167] 电影《野兰花》(*Wild Orchid*, USA 1990, Regie Zalman King, Drehbuch Zalman King und Patricia Louisianna Knop, mit Jacqueline Bisset, Carré Otis und Mickey Rourke.)

[168] 电影《改编剧本》(*Adaptation / Adaptation*, USA 2002, Regie Spike Jonze, Drehbuch Charlie Kaufman, mit Nicholas Cage, Meryl Streep und Chris Cooper.)

[169] 《工厂与企业经营现状介绍，主要介绍其技术、商业及统计学联系》(*Darstellung des Fabriks- und Gewerbswesens in seinem gegenwärtigen Zustande, vorzüglich in technischer, mercantilischer und statistischer Beziehung*, 2. Theil, 2. Bd., Wien 1824.)

[170] 《阁楼里的花》(*Flowers in the Attic*, New York 1979 / *Blumen der Nacht*, aus dem Amerikanischen von Michael Görden,

München 1982.)

[171]《卡尔·弗里德里希·迪特里希的植物世界，依据卡尔·冯·林奈的自然系统编写。由克里斯蒂安·弗里德里希·路德维希增订》[Carl Friedrich Dieterichs Pflanzenreich nach Carl von Linne's Natursysteme. Mit Zusätzen vermehrt herausgegeben von Christian Friedrich Ludwig, Bd. 3, Leipzig 1799 (2. Auflage).]

[172]《纸质花园》[The Paper Garden. Mrs. Delany (begins her life's work) at 72, Toronto 2010.]

[173]《植物属的诊断，根据最新的林奈植物性系统编写》(Diagnose der Pflanzen-Gattungen nach der neuesten Ausgabe des Linneischen Sexualsystems, Leipzig 1792.)

[174]《德伯家的苔丝》(Tess of the d'Urbervilles, London 1891 / Tess von den d'Urbervilles, aus dem Englischen von Helga Schulz, München 2013.)

[175]《植物采集研究及植物收藏汇编入门。由奥托·文舍教授全新修订的施米德林的同名作品》[Anleitung zum Botanisieren und zur Anlegung von Pflanzensammlungen. Nach dem gleichnamigen Buche von E. Schmidlin vollständig neu bearbeitet von Prof. Dr. Otto Wünsche, Berlin 1901 (4. Auflage).]

[176]《忏悔录》(Les Confessions, Paris 1782—1789 / Bekenntnisse, aus dem Französischen von Alfred Semerau, durchgesehen von Dietrich Leube, München 1978.)

[177]《按字母顺序排列的青少年花朵插图读本：首先介绍花的属性、价值及其在艺术领域中的运用；其次介绍不同生活场景下每种花所代表的意义；最后讲述相关寓言故事和韵文诗词》(Alphabet des fleurs pour l'instruction de la jeunesse, orné de gravures; contenant les propriétés des fleurs, leurs agrémens et leur usage dans les arts; suivi du langage de chacune d'elles dans les diverses circonstances de la vie; terminé par des historiettes instructives et des fables en vers.)

[178]《罂粟海》(Sea of Poppies, London 2008 / Das mohnrote Meer, aus dem Englischen von Barbara Heller und Rudolf Hermstein, München 2008.)

[179]《杜鹃》(Die Rhodoraceae oder Rhododendreae. Eine Anleitung zur Cultur dieser Pflanzenfamilie von Traugott Jacob Seidel nebst einer systematischen Beschreibung der Gattungen und Arten etc. derselben von Gustav Heynhold, Dresden/ Leipzig 1843.)

[180]《世界哥伦比亚委员会妇女管理委员会正式手册：自1890年11月19日成立之日起至1891年9月9日第二届会议结束之日的会议记录，包括〈国会法案〉和关于世界哥伦比亚委员会和芝加哥哥伦比亚博览会的行动资料》[Official Manual of the Board of Lady Managers of the World's Columbian Commission: the Minutes of the Board from the Date of its Organization, November 19, 1890, to the Close of its Second Session, September 9, 1891, including the Act of Congress and

*Information in Regard to the Action of the World's Columbian Commission and of the Chicago Directory of the Columbian Exposition* (1891), Chicago 1891.]

[181] 《西里西亚植物志，或西里西亚野生植物目录，包含其综合描述、用途及其在医学及家务方面的应用》(*Flora Silesiaca, oder Verzeichniß der in Schlesien wildwachsenden Pflanzen, nebst einer umständlichen Beschreibung derselben, ihres Nutzens und Gebrauches, so wohl in Absicht auf die Arzney-als Haushaltungs-Wissenschaft*, Teil 1, Leipzig 1776.)

[182] 《来自家乡》(*Aus der Heimath.* Ein natur-wissenschaftliches Volksblatt, Jg. 1865.)

[183] 《花的进化》[»The Evolution of Flowers«, in: Knowledge: *An Illustrated Magazine of Science*, 5 (1884).]

[184] 《自然历史课本》(*Lehrbuch der Naturgeschichte*, Halle 1830.)

[185] 电影《四角关系》(*Imagine Me & You*, England 2005, Regie Ol Parker, Drehbuch Ol Parker, mit Piper Perabo, Lena Headey und Matthew Goode.)

[186] 《关于纽伦堡及相邻的汝拉山脉附近考依波统的植物地理情况同拜罗伊特及克洛伊森东部重新发现的考依波统及壳灰岩统高地》[»Einige Beiträge zur Kenntnis der pflanzengeographischen Verhältnisse im Keuper um Nürnberg und im benachbarten Jurazuge, sowie dem östlich bei Bayreuth und Kreussen wieder zutagetretenden Keuper und auf den dortigen Muschelkalkhöhen«,

in: *Abhandlungen der Naturhistorischen Gesellschaft zu Nürnberg* 10 (1897): 63–80.]

[187] 《达洛维夫人》(*Mrs Dalloway*, London 1925 / *Mrs. Dalloway*, aus dem Englischen von Hans-Christian Oeser, Stuttgart 2012.)

[188] 《植物识别练习手册》(*Handbuch für botanische Bestimmungsübungen*, Leipzig 1895.)

[189] 《爱丽丝镜中奇遇记》(*Through the Looking Glass and What Alice Found There*, London 1871 / *Alice hinter den Spiegeln*, aus dem Englischen von Christian Enzensberger, Frankfurt a. M. 1974.)

[190] 电影《洛基恐怖秀》(*The Rocky Horror Picture Show*, USA 1975, Regie Jim Sharman, Drehbuch Richard O'Brien und Jim Sharman, mit Tim Curry, Susan Saradon und Barry Bostwick.)

[191] 《三尖树之日》(*The Day of the Triffids*, London 1951 / *Die Triffids*, aus dem Englischen von Hubert Greifeneder, überarb. von Inge Seelig, Frankfurt a. M. 2006.)

[192] 《居里手册，用简单安全的方式自行鉴别德国中部及北部野生及栽培作物》[*P. F. Cürie's Anleitung, die im mittleren und nördlichen Deutschland wildwachsenden und angebauten Pflanzen auf eine leichte und sichere Weise durch eigene Untersuchung zu bestimmen.* Ganz neu bearbeitet von August Lüben, Kitlitz in der Oberlausitz 1856 (9. Auflage).]

[193] 《郁金香狂热》(*Tulip Fever*, New York 1999 / *Tulpenfieber*, aus dem Englischen

von Ursula Wulfekamp, Bern 1999.)

[194]《郁金香女王》(*Die Tulpenkönigin*, Reinbek b. Hamburg 2007.)

[195]《维也纳花园画报》[*Wiener Illustrirte Gartenzeitung. Organ der k. k Gartenbau-Gesellschaft in Wien* 18 (1893).]

[196]《非洲堇》(*Usambara*, Göttingen 2007.)

[197] 电影《魔女玛塔》(*Mata Hari*, USA 1931, Regie George Fitzmaurice, Drehbuch Benjamin Glazer und Leo Birinsky, mit Greta Garbo, Ramon Novarro und Lionel Barrymore.)

[198]《大主教之死》(*Death Comes for the Archbishop*, New York 1927 / *Der Tod bittet den Erzbischof*, aus dem Amerikanischen von Irma Wehrli, Zürich 1998.)

[199]《新式花语，寓意，鲜花、水果、动物及颜色的象征符号等——献给女士们的书》(*Nouvelle Sélamographie, langage allégorique, emblématique ou symbolique des fleurs et des fruits, des animaux, des couleurs, etc. Ouvrage dédié aux dames*, Paris 1857.)

[200]《哈姆雷特》(*The Tragicall Historie of Hamlet, Prince of Denmarke*, London 1603 / *Hamlet, Prinz von Dänemark*, aus dem Englischen übersetzt von Christoph Martin Wieland, Zürich 1766 / von Erich Fried, München 1968 / von Holger M. Klein, Stuttgart 1984.)

[201]《植物手册，包含德国植物及最重要的外国经济作物》(*Handbuch der Gewächskunde, enthaltend eine Flora von Deutschland mit Hinzufügung der wichtigsten ausländischen Cultur-Pflanzen*. Dritte Auflage, gänzlich umgearbeitet und durch die neuesten Entdeckungen vermehrt von H. G. Ludwig Reichenbach, Bd. 2, Altona 1834.)

[202]《新花卉报》(*Neue Blumen-Zeitung* 21: 52, 30. 12. 1848.)

[203]《押沙龙，押沙龙！》(*Absalom, Absalom!* New York 1936 / *Absalom, Absalom!*, aus dem Amerikanischen von Hermann Stresau, Berlin 1938.)

[204]《户外玫瑰栽培》[»Zur Kultur der Rosen im freien Lande«, in: *Allgemeine Gartenzeitung. Eine Zeitschrift für Gärtnerei und alle damit in Beziehung stehende Wissenschaften* 19 (1851): 141–143.]

[205]《纯真年代》(*The Age of Innocence*, New York 1920 / *Zeit der Unschuld*, aus dem Amerikanischen von Richard Kraushaar und Benjamin Schwarz, München 1986.)

[206]《无声的爱》(»Stumme Liebe«, in: *Volksmärchen der Deutschen*, Bd. 4, Leipzig 1782.)

[207]《德国有毒显花植物（附有插图及说明）》(*Deutschlands phanerogamische Giftgewächse in Abbildungen und Beschreibungen*, Berlin 1838.)

[208]《地狱》(*Sylva Sylvarum*, Paris 1896 / *Inferno, Legenden*, aus dem Schwedischen von Emil Schering, Leipzig und München 1910.)

著作权合同登记号：图字 01-2018-4457

© MSB Matthes & Seitz Berlin Verlagsgesellschaft mbH, Berlin 2014. All rights reserved.
First published in the series Naturkunden, edited by Judith Schalansky for Matthes & Seitz Berlin.

**图书在版编目（CIP）数据**

花的语言 /（德）伊莎贝尔·克朗茨
（Isabel Kranz）著 ；曲奕译. — 北京 ：北京出版社，
2023.5
（博物学书架）
ISBN 978-7-200-16130-4

Ⅰ. ①花… Ⅱ. ①伊… ②曲… Ⅲ. ①花卉—普及读
物 Ⅳ. ① S68-49

中国版本图书馆 CIP 数据核字（2021）第 009153 号

策 划 人：王忠波　　　责任编辑：陈　平
责任营销：猫　娘　　　责任印制：陈冬梅
装帧设计：吉　辰

· 博物学书架 ·

花的语言
HUA DE YUYAN
［德］伊莎贝尔·克朗茨　著　曲奕　译

出　　　版　北京出版集团
　　　　　　北 京 出 版 社
地　　　址　北京北三环中路 6 号
邮　　　编　100120
网　　　址　www.bph.com.cn
总 发 行　北京伦洋图书出版有限公司
印　　　刷　北京华联印刷有限公司
开　　　本　787 毫米 ×1092 毫米　1/16
印　　　张　13
字　　　数　100 千字
版　　　次　2023 年 5 月第 1 版
印　　　次　2023 年 5 月第 1 次印刷
书　　　号　ISBN 978-7-200-16130-4
定　　　价　98.00 元

质量监督电话　010-58572393
如有印装质量问题，由本社负责调换